大水面生态渔业

技术模式

DASHUIMIAN SHENGTAI YUYE
JISHU MOSHI

全国水产技术推广总站 ◎ 组编

U0256098

中国农业出版社
北京

图书在版编目（CIP）数据

大水面生态渔业技术模式／全国水产技术推广总站
组编 . —北京：中国农业出版社，2022.6
（绿色水产养殖典型技术模式丛书）
ISBN 978-7-109-29238-3

Ⅰ.①大… Ⅱ.①全… Ⅲ.①水产养殖－生态养殖
Ⅳ.①S964.1

中国版本图书馆 CIP 数据核字（2022）第 047347 号

中国农业出版社出版
地址：北京市朝阳区麦子店街 18 号楼
邮编：100125
责任编辑：王金环 肖 邦
版式设计：王 晨 责任校对：吴丽婷
印刷：北京通州皇家印刷厂
版次：2022 年 6 月第 1 版
印次：2022 年 6 月北京第 1 次印刷
发行：新华书店北京发行所
开本：700mm×1000mm 1/16
印张：9.75 插页：8
字数：135 千字
定价：52.00 元

 本书编写人员

主　编：于秀娟　刘其根　郝向举

副主编：胡忠军　吉　红　曾庆飞　李东萍　党子乔

参　编（按姓氏笔画排序）：

于海波　王小寒　王振吉　白志毅　丛艳峰

任　泷　刘子飞　刘洪健　李　巍　杨霖坤

吴丛迪　应米燕　张伟华　张艳萍　邵东宏

邵建强　姚丁香　徐东坡　霍堂斌

丛书序
Preface

■ ■ ■

　　绿色发展是发展观的一场深刻革命。以习近平同志为核心的党中央提出创新、协调、绿色、开放、共享的新发展理念，党的十九大和十九届五中全会将贯彻新发展理念作为经济社会发展的指导方针，明确要求推动绿色发展，促进人与自然和谐共生。

　　进入新发展阶段，我国已开启全面建设社会主义现代化国家新征程，贯彻新发展理念、推进农业绿色发展，是全面推进乡村振兴、加快农业农村现代化，实现农业高质高效、农村宜居宜业、农民富裕富足奋斗目标的重要基础和必由之路，是"三农"工作义不容辞的责任和使命。

　　渔业是我国农业的重要组成部分，在实施乡村振兴战略和农业农村现代化进程中扮演着重要角色。2020年我国水产品总产量6 549万吨，其中水产养殖产量5 224万吨，占到我国水产总产量的近80%，占到世界水产养殖总产量的60%以上，成为保障我国水产品供给和满足人民营养健康需求的主要力量，同时也在促进乡村产业发展、增加农渔民收入、改善水域生态环境等方面发挥着重要作用。

　　2019年，经国务院同意，农业农村部等十部委印发《关于加快推进水产养殖业绿色发展的若干意见》，对水产养殖绿色发展作出部署安排。2020年，农业农村部部署开展水产绿色健康养殖"五大行动"，重点针对制约水产养殖业绿色发展的关键环节和问题，组织实施生态健

康养殖技术模式推广、养殖尾水治理、水产养殖用药减量、配合饲料替代幼杂鱼、水产种业质量提升等重点行动，助推水产养殖业绿色发展。

为贯彻中央战略部署和有关文件要求，全国水产技术推广总站组织各地水产技术推广机构、科研院所、高等院校、养殖生产主体及有关专家，总结提炼了一批技术成熟、效果显著、符合绿色发展要求的水产养殖技术模式，编撰形成"绿色水产养殖典型技术模式丛书"（简称"丛书"）。"丛书"内容力求顺应形势和产业发展需要，具有较强的针对性和实用性。"丛书"在编写上注重理论与实践结合、技术与案例并举，以深入浅出、通俗易懂、图文并茂的方式系统介绍各种养殖技术模式，同时将丰富的图片、文档、视频、音频等融合到书中，读者可通过手机扫描二维码观看视频，轻松学技术、长知识。

"丛书"可以作为水产养殖业者的学习和技术指导手册，也可作为水产技术推广人员、科研教学人员、管理人员和水产专业学生的参考用书。

希望这套"丛书"的出版发行和普及应用，能为推进我国水产养殖业转型升级和绿色高质量发展、助力农业农村现代化和乡村振兴作出积极贡献。

丛书编委会
2021 年 6 月

前 言
Foreword

. . . .

　　江河、湖泊和水库等开放性水体，俗称大水面，是内陆水域的主体。我国利用大水面开展渔业生产历史悠久。相传春秋末年，范蠡在会稽山麓"上下两池"养鱼，虽以"池"为名，但从生产范围和经营效果而言，应是数百亩至数千亩的中小型湖泊，将其划归为湖泊养殖更为确切。汉武帝作昆明池，汉昭帝时"于池中养鱼以给诸陵祠，余付长安市，鱼乃贱"，应属于水库养殖。千百年来，我国古代先民一直利用丰富的内陆水域资源开展渔业生产。新中国成立后，尤其是 20 世纪 60 年代伴随着"四大家鱼"人工繁育技术的突破和大型水利工程建设的广泛开展，大水面渔业发展驶入快车道；80 年代后，"三网"养殖兴起，大水面渔业更加蓬勃发展，成为我国渔业的重要组成部分，为解决"吃鱼难"作出了历史性的贡献，而且还在稳价格、保供应、农民脱贫致富和解决就业等方面发挥着重要的作用。

　　近年来，随着资源和环境约束日益趋紧，我国大水面渔业发展空间大幅萎缩，发展方式亟待转型升级。如何加快推动大水面渔业向大水面生态渔业转变，促进大水面渔业资源科学合理利用、生态环境保护和渔业产业协调融合发展；如何做好大水面生态渔业这篇大文章，把大水面生态渔业打造成渔业一二三产业融合发展、绿色发展的样板，

1

是摆在渔业人员面前的重要课题。同时，在探索实践中，一些地方在发展大水面生态渔业方面也积累了相对成熟的发展模式和经验，如千岛湖的"大头鱼保水、小头鱼治水"的生态保护和"保水渔业"发展模式，不但提供了有效解决水库面源污染的生态治理技术，而且还是一种可持续的有机鱼生产方式，在渔旅融合发展、拓展大水面生态渔业多种功能和提升多元价值方面提供了先进经验。

机遇和挑战并存，2018年9月26日，习近平总书记在吉林省考察查干湖时作出了"绿水青山、冰天雪地都是金山银山，保护生态和发展生态旅游相得益彰，这条路要扎实走下去"的重要指示，为我们推进大水面生态渔业发展指明了方向。2019年底，农业农村部、生态环境部、国家林业和草原局联合发布了《关于推进大水面生态渔业发展的指导意见》，明确了大水面生态渔业发展的要求和任务。为此，在全面调研和总结当前我国大水面生态渔业发展模式基础上，全国水产技术推广总站联合相关科研、推广和生产一线的专家学者编写了本书。

本书系统介绍了大水面生态渔业的内涵特征、技术原理、发展历史和现状，分析了发展的资源条件和潜力，重点对大水面生态渔业典型技术模式及其关键技术进行了阐述，并剖析了当前水平较高的10种典型案例。其中，第一章由中国科学院南京地理与湖泊研究所和上海海洋大学牵头编写，第二章由上海海洋大学牵头编写，第三、四章由西北农林科技大学牵头编写，第五章由上海海洋大学和西北农林科技大学牵头编写，全国水产技术推广总站负责全书统筹和组织，上海海洋大学负责全书统稿和审核。在编写过程中，还得到了吉林、浙江、江西、甘肃、青海等相关省份水产技术推广机构，中国水产科学研究院、甘肃省水产研究所等科研机构，杭州千岛湖发展集团有限公司、吉林查干湖渔业有限公司、青海民泽龙羊峡生态水殖有限公司、大庆市连环湖渔业有限公司、重庆市三峡生态渔业股份有限公司、新疆天蕴有机农业有限公司、江西省水投生态渔业发展有限公司和杭州千岛湖鲟龙科技股份有限公司等大水面生态渔业经营主体的大力支持和协助，在此一并表示感谢。

由于科学增殖、绿色养殖、精准捕捞等技术不断创新发展，大水面生态渔业技术模式仍处于总结和完善提升的过程中，且编者水平有限，书中难免出现疏漏和不足之处，敬请读者朋友批评指正。

编　者

2022 年 4 月

目 录
Contents

∎∎∎

大水面生态渔业概述

第一节　大水面生态渔业的内涵特征及其原理

一、大水面生态渔业的内涵特征

大水面生态渔业是指在江河、湖泊和水库等开放性水体（俗称大水面）中，依据其供饵能力或渔产潜力，合理放养适宜的鱼类品种，或采取适当的增养殖方式，使这些水域的渔产力得到可持续利用的一种渔业生产方式。大水面不只是人类主要的水环境和淡水资源，也是重要的国土资源，适度的大水面生态渔业利用，能为民众提供优质的水产品，有效提高或改善人民生活质量，保障我国的食物安全。

农业农村部、生态环境部、国家林业和草业局《关于推进大水面生态渔业发展的指导意见》指出，"大水面渔业是我国淡水渔业的重要组成部分，在建设水域生态文明、保障优质水产品供给、推动产业融合、促进渔民增收等方面发挥着重要作用。但近年来，随着资源与环境约束日益加大，大水面渔业发展空间大幅萎缩，发展方式亟待转型升级。面对新时代新形势，亟须大力发展大水面生态渔业，根据大水面生态系统健康和渔业发展需要，通过开展渔业生产调控活动，促进水域生态、生产和生活协调发展"。可见，相比传统的大水面渔业，大水面生态渔业的发展目标是水域生态、生产和生活的协调发展，而实现手段是生产调控活动。其依据是大水面生态渔业的科学内涵：优化水生生态系统群落结构，保持水质环境良好，维护生态系统健康，高效可持续利用资源，现代化生产经营管理，生态效益优先，兼顾经济和社会效益。相比传统的大水面渔业，大水面生态渔业具有 3 方面的突出特征：

一是在技术模式上，大水面生态渔业通过科学的增养殖实现水域生态、生产和生活协调发展。大水面生态渔业根据水体特定的环境条件，通过人工放养滤食性鲢、鳙和草食性草鱼、鳊等鱼类，可以有效抑藻、控草、固碳，改善水域的水生生物群落组成，保障生态平衡，净化水质，保护水域环境。1998 年和 1999 年，千岛湖曾连续两年暴发蓝藻水华，杭州千岛湖发展集团有限公司（下文简称千发集团）在上海海洋大学等单位的技术支持下，通过大力推进实施"以渔保水""以渔治水"工程，形成了"大头鱼保水、小头鱼治水"的生态保护和保水渔业发展模式。重庆市三峡生态渔业股份有限公司（下文简称三峡渔业）实施的"以渔净水"措施在三峡库区也发挥了良好的保水净水效果。2018 年，三峡水库 4 个水域牧场监测断面的综合污染指数比 2010 年下降了 20%～40%。中国科学院水生生物研究所和西南大学联合研究发现，三峡渔业水域不但未造成水环境污染，反而提高了生物多样性。施肥投饵曾经是增加水产品产量的主要措施，但却容易造成污染。为解决渔业生产和生态环境保护之间的矛盾，2012 年以来，大湖水殖股份有限公司（下文简称大湖水殖）放弃网箱养殖和围栏养殖模式，实行"人放天养"生态渔业模式，全面禁止向大水面增殖水域投饵施肥。与大湖水殖类似的是，1992 年查干湖开始实施大水面天然放养模式，进入 21 世纪以来，查干湖渔场停止网箱养殖，渔业生产过程中只投放增殖鱼苗，不投放任何饵料，不使用任何投入品，渔业捕捞产量完全由湖中天然饵料生物转化而来，不仅提高了水产品品质，还保持了大水面良好的生态环境。实践证明，渔业生产和生态保护是可以共存并相互促进的。

二是在发展方式上，突出强调通过发展加工业和品牌营销实现大水面生态渔业生态服务功能的价值转化。大水面渔业水产品虽以鲜活鱼产品为主，但旅游经济的发展为水产品加工产品提供了广阔的市场空间，部分大水面经营主体已进军水产品精深加工领域。如查干湖出产的水产品不仅有鲜食产品，还有经过加工的休闲食品、旅游纪念品等。近年来，查干湖渔场引进水产品精深加工及软包装设备、冻库和仓储用房，进行水产品的软包装和鱼罐头加工，丰富了查干湖休闲食品和旅游纪念品的种类。千发集团通过一系列生产技术创新，制定产品技术标准，对千岛湖大头鱼进行"庖丁解鱼"，将一整条鱼分割成鱼头、鱼身和鱼尾三段共13个部位，不仅提高了产品附加值，而且满足了消费者的多元化需求。好产品是基础，如何卖出去、卖得上价才是关键，打造品牌、拓展营销渠道尤为重要。新疆天蕴有机农业有限公司（下文简称新疆天蕴公司）养殖的三文鱼通过"天蕴"商标和"天山跃出三文鱼"品牌统一销售，定位高端消费群体，在上海、新疆等主要城市设立餐饮连锁加盟店、三文鱼美食体验店，大幅提升产品市场知名度。查干湖的水产品营销由过去以政府采购为主向网络销售、快递托运、电子商务、授权地区代理商等多种营销渠道拓展，借助互联网提升了查干湖胖头鱼"中国淡水鱼类知名品牌"的影响力，使查干湖水产品呈现产销两旺格局。千发集团通过整合利用各类营销资源，依靠"低成本创意营销"方式，使"千岛湖淳牌有机鱼"品牌在短短几年内闻名全国，并打造名菜名宴"千岛湖淳牌砂锅鱼头"，通过提升餐饮的核心竞争力和展现美食文化，有力提升企业形象和知名度。

三是在三产融合发展方面，深挖资源，创新"渔文旅"产业融合发展是大水面生态渔业生产、生态和生活价值的最佳体现。通过三产融合发展，不断延长产业链、提升价值链，不断提高质量和效益，减轻对一产的依赖、对资源的依赖，是大水面生态渔业发展的新内涵。大水面具有生态、经济、文化、社会等多重功能，正是这种多重功能造就了多元产业竞相发展。如今，千岛湖、查干湖、龙羊峡、鄱阳湖等大水面都已走上了休闲渔业发展道路，涉足生产性渔业、体育比赛、观光休闲、文化创意、冰雪娱乐、乡村旅游、餐饮等多种产业形态，其中较为典型的是查干湖和千岛湖。查干湖不断深入挖掘蒙古族民俗旅游资源和查干湖冰雪渔猎文化内涵，通过举办节庆活动延伸生态渔业产业链、延续传统项目巩固近郊旅游消费群体、借助冰原声誉发展冰雪娱乐产业、鼓励渔民参与发展渔家乐、完善旅游服务配套设施、加大对外宣传力度六大举措，发展生态文化旅游产业，通过冬捕旅游，创新大水面"渔文旅"产业融合发展，打造出集自然风光、人文景观、风土人情为一体的旅游盛会。千岛湖将渔业生产与休闲观光有机结合，开发了"中华一绝、鱼跃人欢"的巨网捕鱼、"渔乡古韵、美丽渔村"的鳌山渔村及鱼拓体验、千岛湖休闲垂钓等一系列特色旅游项目，创建了全方位展示和传承渔文化的中国首家渔业文化博览馆——千岛湖

鱼博馆，举办千岛湖有机鱼文化节、国际鱼拓制作大赛等渔事节庆活动，丰富了千岛湖旅游内涵，提升了千岛湖旅游层次，延伸和拓展了产业链，带动了餐饮、文化创意等其他相关产业发展，形成"以渔兴旅、以旅促渔、渔旅融合"的渔业和旅游业共荣发展的新模式。

二、大水面生态渔业遵循的原理

大水面生态渔业遵循生态位原理、种群特征原理、生态系统的结构和功能原理、能量转化原理、生态平衡原理和生态系统稳定性原理。

1. 生态位原理

生态位是指一个物种的功能、作用以及它在时间和空间中的地位，或一个物种在环境（群落）中占有的位置。一个物种的生态位大小反映了它的遗传学、生物学和生态学特征。生态位可以分为空间生态位、营养（食物）生态位等。大水面生态系统有许多自然资源，如天然生物饵料资源和空间资源等。天然生物饵料资源包括浮游植物、浮游动物、底栖动物、鱼类、大型维管束植物和有机碎屑等；空间包括沿岸带和敞水区，上层、中层和底层等。根据竞争排斥原理，具有相同生态位的物种间必然会产生激烈的种间竞争和排斥，而不利于生态系统的稳定。因此，在大水面生态渔业生产实践中，应充分考虑野生物种和增殖物种在时间上、空间上（包括水平空间、垂直空间）和食物上的生态位分化，增殖物种之间的生态位也应尽量保持错开。在大水面开展增殖渔业时，可根据各物种生态位的差异，将中上层物种、中下层物种与底层生活物种，浮游生物食性、底栖动物食性、草食性、鱼食性与碎屑食性鱼类进行合理搭配，以便充分利用系统中的空间和食物等资源，促进能量的转化，提高水体渔业生产力。

2. 种群特征原理

研究增殖和自然种群的数量特征、种群的变化规律及影响种群数量变化的关键因素，积极防治敌害，有效保护和合理利用野生生物资源，拯救和恢复濒危动物种群。根据种群年龄组成的特点，将渔业利用物种种群的年龄结构调控成增长型。如渔业生产实践中，严格控制网具的网目大小来保护幼体，实施禁捕期和禁捕区等制度给鱼类以恢复增长之机会，从而实现渔业生产的持续稳定增产。根据种群数量环境容纳量（K 值，水域承载力或称之为生态容量或增殖容量）的变化特点，对水体中各种环境条件特别是饵料基础进行长期监测，科学测算增殖容量，对增殖放养量进行优化配置，不宜过度增殖放养。在渔业捕捞生产中，根据最大可持续产量模型，在种群数量 K/2 左右时进行渔业捕捞可以获取最大可持续产量。因此，可在获取最大经济利益的同时保持种群数量的可持续增长，实现渔业资源的可持续利用。

3. 生态系统的结构和功能原理

生态系统的结构包括生态系统的组成成分（非生物组成成分、生产者、消费者及分解者）、营养结构（如食物链和食物网）等。生态系统有三大功能，包括能量流动、物质循环和信息传递。运用生物学中的"结构与功能相适应"的基本原理，结构决定功能，可以合理调整生态系统的结构，使其功能最大化地趋向于对人类最有益的部分。在藻型湖泊、水库中适度放养鲢、鳙等滤食性鱼类，在水库浅水区或湖泊放养滤食性贝类和刮食性螺类，适当放养一定数量的碎屑食性鱼类如黄尾鲴，还可以放养一定数量的底栖动物食性和鱼食性鱼类，从而形成多营养级增殖放养体系，完善水域生态系统的结构和功能，使各种营养级生产的物质和能量得以合理利用，形成结构合理、功能完善的健康生态系统。

4. 能量转化原理

生物圈中的生物不是以单一个体或种群的方式存在于自然界中，而是以若干种群组成的群落或生态系统的方式存在。生物与生物之间存在非常复杂的相互关系，也就是说存在非常复杂的种间关系，这种关系可以表现为共生、竞争、捕食、寄生、偏利、偏害等作用。综合而言，在生态学上这种种间关系主要体现为食物链（食物网）关系。俗话说的"大鱼吃小鱼，小鱼吃虾米，虾米吃泥巴"就代表了水生态系统中的一种简化的食物链关系。食物链具有两大特征：其一，通常而言，生物群落第一营养级（初级生产者）的数量最多，第二营养级（初级消费者）的数量次之，第三营养级（次级消费者）的数量处在第三位，也就是说营养级越低数量越多，营养级越高数量越少，形成一个数量金字塔结构。其二，能量沿着食物链传递的过程中遵循热力学第二定律，大部分能量以热的形式消散在环境中，只有一部分能量继续沿着营养级向上传递，这就是林德曼定律，即能量物质逐级转化呈10∶1的关系，因此又称之为十分之一定律或百分之十定律。依据这两

大特征，将能量转化原理应用于渔业生产实践中。应重点强调，大水面生态渔业应以发展植食性鱼类为基础。当然，食物链从生态学来看代表了物质和能量的流动、转化关系，从经济上来看它还是一条价值增值链。肉食性鱼类的转化效率高于植食性鱼类，后者又高于碎屑食性鱼类，而鱼类品质则逐级增加，价值也随营养级增加而增加，如增殖放养鱼食性鱼类如鳜、翘嘴鲌等，则可以带来可观的经济效益。适度增殖鱼食性鱼类不仅可以增加生物多样性，还可以增加生态系统的复杂性，但在增殖鱼食性鱼类时需要谨慎、科学。历史上存在大水面凶猛性鱼类如鳡难以控制而造成减产的例子。

5. 生态平衡原理

在自然生态系统中，生物与生物、生物与环境之间是相互联系、相互作用、相互制约、相互协调存在的，形成了结构平衡、功能平衡和输入输出平衡的生态系统。这一自然现象说明一个生物种群的存在必须有其特殊的生物条件、生态条件和环境条件，离开这些条件则不能存在。生态系统具有抵抗力和恢复力，在遇到外来干扰不很大时，会通过自我调节而自我修复；过度开发利用自然资源或过度不合理放养增殖物种时就会破坏这种自然的生态平衡，使生态系统走向生态失衡。例如，生产力中低水体是在特定的环境条件（生物性质、地理环境和人为环境）下形成的，要变成高产水体就得改变生态环境条件，如通过施肥投饵增加水体营养物质的含量，但这与生态环境保护相违背，不宜将低产大水面改造为高产水体。如果不具备这些条件，强行过度增殖，不但不能增加渔业产量，而且还会打破生态平衡，导致生态失衡或生态系统退化，不仅不能高产还会减产，得不偿失。生态渔业设计中必须根据生态平衡规律，注意生物与生物、生物与环境的协调关系，以此来安排渔业生产。

6. 生态系统稳定性原理

生态系统内，物种越丰富，生态系统营养结构越复杂，其自我调节能力就越强。在大水面生态渔业实践中，运用保护生物多样性维持生态系统稳定性的原理，要实施物种保护和生态修复工作，采用物理、化学和生态的综合保护和修复措施，逐渐恢复原生物种及其种群数量，增加生物多样性。利用生物物种间的关系，把不同物种种群组合起来，实行多物种共存、多层次配置的多营养级立体生产模式。譬如，深水大水面增殖渔业可实行分层多鱼种混合放养等。

第二节　大水面渔业发展历史和现状

一、大水面渔业发展历史

我国是世界上养鱼最早的国家之一。在相当长的历史时期，大水面渔业通过简单原始的网具从河流和湖泊中获取渔业资源，成为我国老百姓餐桌上传统的、主要的水生生物蛋白质来源。这个时期由于基本以没有人工物质和能量投入的自然捕捞为主，大水面生态系统处于一种干扰程度极低的自然状态。直到 1958 年，钟麟等科学家团队先后攻克了青鱼、草鱼、鲢、鳙"四大家鱼"人工繁殖技术，才使我国的渔业从"狩猎型"向"农耕型"转变，渔业增产成为可能。随后，全国主要渔区掀起水域滩涂承包热潮，兴起了在大水面中利用"网箱、网围和网栏"的"三网"养殖。20 世纪 90 年代后，规模化"三网"养殖的品种增加到河蟹及名优鱼类，大水面渔业的产量也得到了大幅度提高，进入了"高投入、高产出"模式，很多大水面成为重要的渔业生产基地。大水面渔业的发展不但为解决"吃鱼难""优质蛋白质补充"做出了历史性的贡献，而且还在稳价格、保供应、农民脱贫致富和解决就业等方面发挥了重要的作用。粗略划分，我国大水面渔业发展主要经历了四个阶段。

（一）原始发展阶段

从湖泊中直接捕获自然水产品是最传统的湖泊渔业方式，也是古代最朴素的渔业活动。自有人类以来就有狩猎和捕鱼行为，人们在岸边、沟滩等浅水处或洞里、石缝中摸鱼，规模捕捞工具的产生见于千年以内的记载。据考证，明清时期，太湖周边的造船业十分发达，"处处舟为业"也从侧面反映出当时湖泊渔业的兴盛状态。原始发展阶段，湖泊渔业在自然调节状态中缓慢发展。

（二）以产量为主的快速发展阶段

1949 年，我国以湖泊捕捞为主的淡水渔业产量仅为 15 万吨，此后随着捕捞科学、技术及工具的蓬勃发展，捕捞产量在得到数十倍增长的同时，也带来了鱼类小型化及渔业资源退化的问题，导致捕捞产量受到限制而无法满足人们日益增长的需求，同时人们对湖泊、水库

（简称湖库）渔业资源保护的认知逐渐加强，湖库人工养殖成为增加淡水渔业产量的突破口。

20世纪50年代，"四大家鱼"人工繁殖的成功，使得人工放养鱼苗成为可能。之后，太湖、洞庭湖等长江中下游湖泊甚至东北地区开始了人工增殖放流鲢、鳙，并取得了明显的增产效果。1985年，中央5号文件《关于放宽政策、加速发展水产业的指示》提出了"以养为主"的水产生产方针。随着"以养为主"发展方针的贯彻，湖库出现了多种养殖模式和类型，如单养、混养，网箱养殖、围垦养殖，精养、粗养等。1990年，全国水产养殖产量首次超过捕捞产量，同时我国也成为世界上唯一养殖产量超过捕捞产量的国家。湖库综合养殖充分利用小水面精养的成熟养殖技术，提高了湖库渔业的生产效率，突破了传统渔业资源有限性的制约。

（三）由增产渔业向可持续发展转变阶段

自20世纪80年代中后期开始，随着区域经济社会的高速发展、湖库渔业强度的提高以及存在的一些不规范的养殖行为，湖库水体富营养化加速、生物多样性下降、生态系统稳定性降低，水华事件频发。湖泊、水库如何在发挥渔业功能的同时而不对水体水质产生污染负荷，成为渔业发展需要解决的核心问题。

以太湖为例，1984年，太湖首次实行了半年封湖的管理规定。1997年太湖网围养殖品种由最初的以养殖草食性的草鱼、鳊为主，转向了以养殖具有高附加值的河蟹为主，在提高品质的同时也相应减少了湖泊外来物质的输入，从而强化了对湖泊环境的调控。为改善湖泊水环境，学者们提出了"保水渔业""净水渔业""洁水渔业""以渔改水"的渔业发展思路，在千岛湖、太湖、东湖等湖泊水库得到实施。这些渔业模式，以可持续发展理论、渔业生态学和生态经济学原理为指导，坚持生态效益、经济效益、社会效益相协调的原则，以生态环境为前提、生态经济为主导，着力改变渔业经济增长方式，取得了显著发展成效。

2016年中央生态环境保护督察开启了湖库"三网"拆除行动，倒逼大水面生态渔业转型升级。据《中国渔业统计年鉴》，自2015年起，湖泊、水库养殖面积和产量逐渐下降，分别由303.48万公顷和553.18万吨下降到2020年的214.15万公顷和366.01万吨。

（四）生态优先的新发展阶段

2018年，国务院办公厅发布《关于加强长江水生生物保护工作的意见》，明确主要目标是：2020年，长江流域重点水域实现常年禁捕。长江重点水域"十年禁渔"是以习近平同志为核心的党中央从战略全局高度和长远发展角度作出的重大决策，是落实长江经济带共抓大保护措施、扭转长江生态环境恶化趋势的关键之举，也为大水面渔业的升级转型提供了契机。

2019年12月，农业农村部联合生态环境部和国家林业和草业局及时出台了鼓励和规范大水面渔业发展的文件《关于推进大水面生态渔业发展的指导意见》（以下简称《意见》）。该《意见》为我国大水面生态渔业提供了强有力的政策支持，并明确了可以发展大水面生态渔业的水域范围、渔业模式等，为我国大水面生态渔业发展指明了方向。在《意见》的指导下，一些地方着手制定区域大水面生态渔业发展规划，根据不同的大水面资源状况、承载能力确定相应生产方式，明确不同生产方式的适宜发展水域，促进大水面合理利用。大水面生态渔业迎来转型升级、提质增效的新发展阶段。

二、大水面渔业发展现状分析

一直以来，湖库等大水面都是我国内陆渔业水域的主体，大水面增养殖是我国淡水渔业的重要生产方式，生产性捕捞也是我国大水面渔业的重要组成。"十三五"时期，随着生态环境保护要求不断加码，资源与环境约束日益加大，大水面渔业在面临空间萎缩等生存难题的同时，通过积极转变生产方式，发展生态渔业，促进产业融合发展、绿色发展，取得积极成效。

（一）大水面渔业发展现状

"十二五"末，我国湖库的养殖面积约占全国淡水养殖面积的49.37%，产量553万吨，占全国淡水养殖产量的18.06%，另有228万吨捕捞产量。尽管大水面渔业发展在"十三五"期间遇到重重困难，但直到"十三五"末，大水面渔业仍然是我国水产品的主要生产方式之一，我国湖泊和水库的养殖面积仍然占全国淡水养殖面积的42.49%，产量366万吨，占全国淡水养殖产量的11.85%，另有146万吨捕捞产量。

2019 年 2 月，在经国务院同意、农业农村部等十部委联合印发的《关于加快推进水产养殖业绿色发展的若干意见》指引下，一些地区积极探索发展不投饵的滤食性鱼类和滩涂浅海贝藻类增养殖，开展以渔净水、以渔控水、以渔抑藻，修复水域生态环境，大水面渔业的生态属性得以发挥，成为渔业绿色发展的样板。如千岛湖大力推进实施"以渔保水""以渔治水"工程，形成了"大头鱼保水、小头鱼治水"的生态保护和保水渔业发展模式。湖区渔业资源蕴藏量达 15 万吨，经济价值 40 亿元。千岛湖水质常年保持国家Ⅰ类水体，成为浙江省淡水渔业资源宝库和中国水库生态保护和生态渔业发展典范。以千岛湖保水产业为素材撰写而成的《绿水青山就是金山银山》被列为中央党校教学案例。三峡库区因为实施"以渔净水"措施，2018 年 4 个水域监测断面的综合污染指数比 2010 年下降了 20％～40％。中国科学院水生生物研究所和西南大学的联合研究表明，三峡渔业水域不但未造成水环境污染，反而提高了生物多样性。

（二）大水面渔业发展面临的问题

1. 大水面渔业发展空间受到挤压

近年来，随着生态文明建设稳步推进，一些地方为应对环保督察，采取"运动式"治理模式，对大水面渔业一刀切，不仅大面积拆除网箱网围等养殖设施，对政策允许的增养殖和合理捕捞也一禁了之。由于大型湖泊、水库一般都具有多种功能，很多的饮用水源地保护区、自然保护区和水产种质资源保护区等都建立在大水面之上，并从不同的角度建立了相应的管理制度，在不同程度上限制了大水面渔业的发展空间。为促进"长江大保护"，2021 年长江流域重点水域全面禁渔，但对于非通江湖泊还存在保护目标不明晰、渔业资源监测力度偏弱、科学性与系统性不足、缺乏禁渔效果评估等问题，影响了大水面渔业生态服务功能的体现。

2. 大水面渔业发展质量不高

出于对产量的追求，部分地区大水面渔业存在养殖密度过大，饲料、渔药等投入品质量差、使用不规范，养殖管理水平不高等问题，导致水环境污染。即便是较为环保的增养殖渔业，有些也存在放养种苗质量不高，放养和捕捞方式不科学等问题，不仅没有发挥保水净水功能，同时增养殖鱼类的结构和数量超过水体负荷能力，还可能导致水体进一步恶化。一产之外，以大水面渔业为载体的产业融合发展不足，产业的质量效益不高。

3. 大水面渔业管理监督机制不健全

湖泊、水库的管理涉及自然资源、环保、水利、渔业等部门。各部门之间既权责交叉又存在管理空白，影响了大水面渔业经营主体的生产活动。大型的湖泊、水库又往往跨行政区划，各地区间的利益难以协调一致，难以实施统一的管理和经营，导致区域间容易出现纠纷。此外，由于水域面积大，相比之下监督执法能力不足，执法队伍力量不足、经费短缺、设备落后等都增加了执法难度，电鱼、炸鱼、毒鱼等不法行为时有发生。

4. 科技支撑能力有待提升

实现大水面渔业向大水面生态渔业的转变，使其生态功能得以充分发挥，需要仰仗科技进步和实践应用。《意见》发布后，针对湖泊、水库发展生态渔业实行"一湖一策"，对每个湖泊、水库的增殖容量进行测算，对放养品种结构和数量进行评估和跟踪研究，形成适宜的生态高效的技术模式，都依赖于渔业资源管理和合理利用方面的技术研发。相比之下，由于过去更多地偏重于增产研究，当前在渔业生态属性和环境保护修复功能方面的基础研究、对资源环境承载力和标准的研究、对适宜大水面发展的品种和生产方式的研究、对科学增殖和精准捕捞的技术和装备研究等方面都还比较薄弱，亟须突破提升。

第三节 发展大水面生态渔业的资源条件

一、水资源

我国湖泊、水库等大水面数量众多、类型多样、资源丰富，是我国内陆渔业水域的重要组成部分。根据 2005—2006 年第二次湖泊调查，我国（含香港、澳门和台湾地区）面积在 1 千米² 以上的自然湖泊共有 2 693 个，总面积 81 414.56 千米²，约占全国国土面积的 0.85%。其中大于 1 000 千米² 的特大型湖泊有 10 个，分别为青海湖、鄱阳湖、洞庭湖、太湖、呼伦湖、洪泽湖、纳木错、色林错、南四湖和博斯腾湖。我国共有水库 89 696 个，总面积 26 870 千米²，总库容 794 千米³，主要

分布在长江流域、珠江流域、淮河流域和松花江流域。

对以上湖库进行初步统计，全国有面积 5 000 亩*以上的大型天然宜渔水体约 1 500 个，其中水库 1 047 个，湖泊 421 个。按照最保守的估算方法，每个水体面积 5 000 亩进行测算，总面积也达到了 750 万亩，占到了目前全国淡水养殖面积的 9.32％。

二、气候条件

鱼类是变温动物，其繁殖活动和生长发育既受体内激素诱导对性腺发育的制约，也受外界环境包括营养物质、温度、光照、水流等多种因素综合作用的影响。我国幅员辽阔，经纬度跨度较广，距海远近差别较大，加之地势高低不同，地形类型及山脉走向多样，因而气温和降水的组合多种多样，形成了多种多样的气候。从温度带划分看，有热带、亚热带、暖温带、中温带、寒温带和青藏高原区。

我国的气候具有夏季高温多雨、冬季寒冷少雨、高温期与多雨期一致的季风气候特征。与世界同纬度的其他地区相比，我国冬季气温偏低，而夏季气温又偏高，气温年较差大，降水集中于夏季。

气候条件的复杂多样，使世界上大多数水生生物都能在我国找到适宜生存的地方，也使得我国水生生物资源和物种多样性非常丰富。同时，一定的积温对鱼类性腺的发育、成熟具有显著影响，光照时间的长短影响鱼类性腺发育，夏季降暴雨使水位猛涨，水流刺激有利于诱导它们发情产卵。我国的气候条件能为鱼类生长繁殖提供良好的自然环境。

三、品种资源

据《中国脊椎动物大全》和《中国动物志》粗略统计，我国现有鱼类 3 862 种，占世界鱼类总数的 10.7％，占我国脊椎动物总数的 60.8％。分布在我国淡水（包括沿海河口）的鱼类共有 1 050 种，分属于 18 目 52 科 294 属。其中，纯淡水鱼类 967 种，海、河洄游性鱼类 15 种，河口性鱼类 68 种。此外，近 30 年来从国外引进鱼类有 60 多种。内陆水域中长江有鱼类 297 种，珠江有 275 种，黄河有 128 种，黑龙江

---

* 亩为非法定计量单位。1 亩＝1/15 公顷。

有92种，青藏高原及其他区域有152种。在众多的经济鱼类中，主要鱼类有60多种，如鲤、鲫、青鱼、草鱼、鲢、鳙、团头鲂、鲮、翘嘴鲌、蒙古鲌、圆口铜鱼、黄鳝、鲚、鲈、鳜等。它们大多不仅成熟期短（多在2~4年成熟）、产卵多，而且生长快、产量高、分布广。属于我国特有鱼类的有400余种，如中华鲟、白鲟、骨唇黄河鱼、长吻鮠、短颌鲚等，这些鱼类在研究鱼类起源及区系等方面都有重要的意义。在我国的鱼类中，属于国家一级重点保护动物的有10种，即中华鲟、长江鲟、鳇、白鲟、鲥、北方铜鱼、扁吻鱼、长丝鲑、川陕哲罗鲑和黄唇鱼。属于国家二级重点保护动物的有花鳗鲡、胭脂鱼、圆口铜鱼、长鳍吻鮈、金线鲃属所有种、花鲈鲤、骨唇黄河鱼、大理裂腹鱼、大头鲤、红唇薄鳅、下游黑龙江茴鱼等82种。

我国淡水鱼类属于东亚淡水鱼类区系，在地理分布上仅限于东亚地区，即青藏高原和红河以东的地区，包括中国、日本、朝鲜半岛、俄罗斯远东地区。根据李思忠先生1981年编著的《中国淡水鱼类分布区划》，我国内陆水域鱼类依据分布信息可划分为东北区、华北区、华西区、华南区、华中区、宁蒙区。

1. 东北鱼区

以冷水性鱼类为主，共100余种。有代表性的是鲑类，包括哲罗鱼、细鳞鱼、乌苏里鲑、大麻哈鱼，江鳕和狗鱼等。主要的经济鱼类有鲤、鲫、银鲫、鲇、鲢、草鱼、翘嘴鲌、蒙古鲌、银鲴、鳊、鳜、狗鱼、黄颡鱼、乌苏里鮠等。

2. 华北鱼区

主要包括黄河中下游、辽河、海河等水域。本区径流量小，湖泊水面少，河流含沙量大，不利于鱼类生活，鱼种少，以温水性鱼类为主。主要有鲤、鲫、鲢、鳙、鳊、赤眼鳟、翘嘴鲌、鲇等。

3. 华中鱼区

主要属长江流域。这里河网密布，湖泊众多，水温较高，饵料丰富，鱼种类多达300余种，纯淡水鱼291种。上游有铜鱼、长吻鮠、中华倒刺鲃、白甲鱼等；中游主要是江河平原鱼类，主要由鲤、鲫、青鱼、草鱼、鲢、鳙，还有鮠、鲇、鳜、鳡、乌鳢、黄颡鱼等；下游有刀鲚、河鲀、鲥、鳗鲡等洄游性鱼类。另外，还有中华鲟、白鲟、胭脂鱼等特有珍稀鱼类。

4. 华南鱼区

包括浙闽东部、台湾地区、粤桂南部、滇南。该区发育了南方型的暖水性鱼系，鱼种类丰富。主要有鲮、鲇、鲍、鳊、青鱼、草鱼、鲥等鱼类。

5. 宁蒙鱼区

主要包括内蒙古高原内陆水域和河套地区的水域，是一个与周围联系很少的淡水鱼区。该区鱼种类贫乏，主要有鲤、鲫、麦穗鱼、铜鱼、赤眼鳟、池沼公鱼等。

6. 华西鱼区

包括新、青、藏、甘的全部和川西、滇北地区。区内大部分地区地势高耸，气候寒冷干燥。以冷水底栖型的裂腹鱼亚科和条鳅亚科为主。

丰富的水资源、多变的气候和种类繁多的鱼类，为我国发展大水面生态渔业提供了十分有利的物质基础。

第四节　大水面生态渔业主要模式

一、大水面生态渔业的转型升级

传统大水面渔业转型升级为大水面生态渔业需要以下理论和技术体系的全面升级来进行支撑。

（一）大水面资源环境评估、功能定位与预警

对全国 5 000 亩以上的大型天然宜渔水体开展自然环境、渔业资源、渔业方式等调查，分析渔业资源变动的主要驱动机制和受控因素，建立大水面生境和渔业资源多元评价体系。根据水域生态环境状况、渔业资源禀赋、水域承载力、产业发展基础和市场需求，明确不同湖泊（水库）渔业功能定位，并理清发展思路。建立和完善大水面渔业资源环境智能化监测和预警预报体系，为湖泊（水库）渔业资源的养护和利用提供科学指导。

（二）渔业资源增殖与水生生物资源养护技术

在满足湖泊水库水域功能区划要求的基础上，依据食物网模型、生物能量学模型、网箱养殖条件和网箱养殖容量评估方法，开展大水面增养殖容量评估和网箱养殖容量评估，发展大水面渔业资源增养殖。

开展湖泊水库水生生物资源及其栖息生境调查，建立湖泊水库水生生物物种、基因资源库和信息数据库。通过多生态位种类人工放流、多营养级渔获定额捕捞、珍稀土著鱼类人工繁育与栖息地修复、外来物种防控等技术手段，调整优化鱼类群落，恢复大水面生物多样性和完整性，实现水生生物资源养护。

（三）水域水质调控与生态修复技术

根据湖库水域渔业功能定位，按照水域承载力开展适宜的放养种类、放养量、放养比例、捕捞时间和捕捞量技术研发和试验示范，实现以渔抑藻、以渔净水，修复水域生态环境，维护生物多样性。开展典型湖库水域主要经济性鱼类和珍稀土著鱼类生境需求及选择策略研究，实施"三场一通道"（产卵场、索饵场、越冬场、洄游通道）生态环境动态监测，阐明生境受损和资源衰退主控因素，研发渔业水域人工生境营造与人工鱼巢构建技术。合理布局网箱、网围区，定量研究养殖生物的运动、集群、摄食、排泄等行为生态特征，推进网箱残饵及粪便收集等环保设施升级改造。

（四）渔业生态功能优化与生态系统健康评价技术

开展大水面资源养护、环境修复、水质调控、生物多样性保护和外来物种防控等关键技术集成，优化大水面渔业生态系统结构。开展不同渔业功能定位大水面水域生态系统健康标准界定，优选生态系统健康评价指标，制定不同分区内各类指标的评价标准，评估渔业水域生态系统健康。明确大水面生态系统健康维护目标，从资源生态特性和社会经济发展确定区域资源养护和利用的原则、管理措施和制度，构建大水面渔业生态功能优化与系统健康管理理论框架。

（五）渔业三产融合与高质量发展技术模式

围绕高质量发展目标，发挥大水面渔业资源优势，研发保护水质、提升品质、品牌创建、精深加工、休闲渔业和文化传承等技术支撑体系，将水产养殖与产品加工及休闲渔业、设施渔业有机结合起来，构建三产融合的生态渔业产业模式，不断延长产业链、提升价值链，提高质量和效益，促进文化、旅游、体育、垂钓、观光、餐饮等深度融合，显著提升大水面生态渔业发展效益。

（六）标准规范制定与监督管理体系完善技术

开展大水面生态渔业标准体系建设和增殖放流、资源调查评估、

增养殖技术规范等相关重要标准修订及宣贯应用，规范大水面增养殖渔业生产。集成大水面生态渔业的视频监控、物联网、预测预警模型等现代信息化管理技术等，构建大水面生态渔业高质量发展的规范化监督管理技术体系。

二、大水面增殖渔业模式

（一）藻型湖泊"以渔控藻"模式

1. 理论基础

"以渔控藻""以渔改水"和"以渔净水"是我国在湖泊富营养化治理和蓝藻水华控制过程中提出的一个概念，其核心是基于鱼类非经典生物操纵原理，通过增殖放流鲢、鳙滤食藻类从而达到水华藻类控制、水质改善的目的。

在富营养化湖泊中发生水华是持续性的过程，当蓝藻的密度超过8×10^7个/升时，浮游动物不能有效摄食蓝藻，繁殖力也随之下降，经典的生物操纵手段在热带/亚热带富营养化湖泊中效果甚微。经典生物操纵是通过增加肉食性鱼类对浮游食性鱼类的捕食强度，而改变浮游动物群落结构，促进大型浮游动物发展，进而降低藻类生物量，提高水的透明度，改善水质。但是持续的营养物质的输入速度远超过了经典食物链的自然调控承受能力，而且富营养化以及高强度捕捞的渔业生产效率抑制了肉食性鱼类的种群规模，为这些小型鱼类种群扩张提供了有利条件，又削弱了长食物链的生物调控能力。因此，需要增加鲢、鳙等滤食性鱼类直接摄食蓝藻等浮游藻类，实现对初级生产力的快速有效转化，以抑制富营养化趋势，从而改善水质。

鲢、鳙是我国重要的淡水经济鱼类，以浮游生物为食，属于滤食性鱼类。鲢、鳙具有鱼类中最致密的滤食器官，其鳃耙间距为15～41微米，摄食行为极大地影响了湖泊浮游生物群落结构。利用鲢、鳙控制富营养化湖泊中藻类水华的可能性被国内外学者大量研究，尤其是在以蓝藻水华为主的热带/亚热带富营养化湖泊。近年来，我国许多富营养化湖泊都实施了鲢、鳙的增殖放流或局部围栏、围网养殖，如滆湖、淀山湖、千岛湖等，以期达到控制水华、改善水质和渔业增产的双重目的。

2. 模式技术要点

"以渔控藻"模式首先要回答放什么、放多少、在哪放、何时放、怎么放和如何捕的问题。浙江省颁布了《鲢、鳙鱼增殖放流技术规范》地方标准（DB33/T 875—2012），各地可以根据水域水环境特点制定相应的增殖放流应用技术规范，使放流活动更科学、更规范和更具可操作性。根据各地的增殖放流实践，鲢、鳙放流规格选择 3～4 厘米/尾的夏花或小于 10 厘米体长的冬片。增殖放流需选择形态延长、侧扁、尾柄细长，体表光滑有黏液，活力强，病害检验检疫合格的鱼种。夏花鱼种放流时间在 5—7 月，冬片鱼种放流时间为当年 11 月至翌年 4 月。放流应选择晴天进行，大风、阴雨天气应暂停放流。放流时鱼种尽可能贴近水面，最高不超过 1 米，带水缓缓投入水中。增殖放流量取决于放流区域水体的供饵能力，即渔产潜力，同时又与放流鱼种起捕规格、回捕率等有关。通常鲢、鳙放养比例在（1.5～2.5）∶1。

为了强化鲢、鳙控藻效果，提高水体透明度，在浅水富营养化湖泊中实施非经典生物操纵增放一定密度鲢、鳙滤食性鱼类的同时，投放合理密度的滤食性双壳类（底层放养或筏式吊养）协同净化。双壳类和鲢、鳙同属利用短食物链的滤食性生物，两者不但栖息地有着明显的空间生态位差异，对浮游植物的选择上也有较强的互补性。双壳类有着相对完善的消化系统，消化道中存在纤维素酶能够消化包括微囊藻在内的大部分浮游植物，对群体性藻类滤食能力较差，更偏好滤食小型藻类。鲢、鳙能有效滤食大于 30 微米的藻类，而三角帆蚌滤食范围为 2.5～60 微米，河蚬也都是以滤食小型藻类为主，这些生物都被认为能潜在有效控制蓝藻群体的暴发。

评估增殖放流效果是增殖放流工作中的重要一环。通过对放流效果评估，可以改进放流策略，及时调整放流数量、品种比例、放流规格等，避免无效果的增殖放流现象发生。通过水质监测及理论推算等方式，测算不同时期放流的鲢、鳙资源密度、平均规格及丰满度等生长指标，统计鲢、鳙累计捕获情况，分析这两种放流鱼种的累计回捕率，最后综合评价生态、经济及社会效益，即利用渔业资源增量、蓝藻消耗及氮磷输出量、水质改善情况评价增殖放流的生态效益；根据放流苗种捕获总量、捕捞收入、放流投资回报率评价增殖放流的经济效益；通过资源环境保护意识、湖区和谐稳定、渔业管理能力及决策水平

评价增殖放流的社会效益。2020 年，全国湖泊和水库渔业产量 366 万吨，按照鲢、鳙等增养殖鱼类的平均营养元素含量计算（碳 16.2%、氮 2.5%、磷 0.6%），鲢、鳙增养殖可从水体中转移走碳 59.3 万吨、氮 9.2 万吨、磷 2.2 万吨。

（二）草型湖泊"生态保育"模式

1. 理论基础与利用方式演变

草型湖泊是指自然条件下水中有大量水生维管束植物生长的湖泊，能被水生动物利用的沉水植物（苦草、轮叶黑藻、微齿眼子菜、菹草等）覆盖率达到 50% 以上，平均生物量在 2 500 克/米² 以上。水生植物是大水面重要的初级生产者，为草食性动物提供饵料资源，如草鱼、团头鲂、鳊、青虾、中华绒螯蟹等。同时，对营养盐拦截、滞留和水质净化起到非常重要的作用，为底栖生物及各种鱼类提供栖息场所，是渔业增养殖的重要水域。水生植物是草型湖泊的天然资源，也是优质、高效渔业持续发展的物质基础。我们必须在合理利用的同时加以保护优化，使生物量达到最有利于渔业生产的状态，不能进行掠夺式追求渔业效益而破坏生态环境。草型湖泊的渔业资源利用形式随着人们对渔业资源利用和生态环境保护认识加强而发生改变。草型湖泊的渔业增养殖发展经历了三个阶段：

（1）以追求鱼类高产阶段　草型湖泊的渔业资源利用始于 20 世纪 80 年代初，中国科学院南京地理与湖泊研究所的一批科技人员在太湖（东太湖）率先网围养鱼试验成功，开创了我国大水面水草资源高效利用的水体牧业模式。东太湖的沉水植物以微齿眼子菜、苦草、狐尾藻、轮叶黑藻和金鱼藻为主，试验区亩产高达 1 500 千克。1994 年，漏湖利用丰富的水草资源，水产品总产量达 1 145.58 万千克，平均亩产 46.57 千克，其中辐射的长荡湖平均亩产达 30.80 千克，走上了以养为主，增养结合的道路。直至 2000 年，全国草型湖泊的渔业资源利用形式以养殖吃食性鱼类为主，养殖方式相对粗放，资源利用率低，水环境污染现象日益严重。

（2）以河蟹养殖为主阶段　2000 年开始，随着人们生活水平提高，对高品质水产品种的追求日益强烈，草型湖泊的渔业方式逐渐由鱼类养殖转变为以主养中华绒螯蟹（河蟹），混养少量鱼、虾的综合养殖模式，该模式充分利用草型湖泊的优良水草资源和水质条件，养殖集约化程度高，高投入高产出，养殖效益大大提高。

（3）以生态保育为主阶段　随着人类活动加剧，我国湖泊的水生植被退化严重，生态环境面临严峻挑战。对41个典型草型湖泊的长期监控发现，有35个水生植被显著下降，水生植被消失面积达3 370千米^2，水质恶化，蓝藻水华频发。其中水生植被面积退化比较严重的湖泊有鄱阳湖、洪泽湖、洪湖、南四湖、滇池、梁子湖、博斯腾湖、菜子湖、涡湖、长湖和太湖等，主要分布在长江中下游浅水湖泊群。党的十九大对生态文明建设和生态环境保护提出了一系列新部署，生态文明建设受到前所未有的重视，相关制度、政策出台频度之密前所未有。国家加大了环保督查力度，一些粗放的、落后的水产养殖方式受到限制。为保护和修复草型湖泊生态系统，东太湖、长荡湖、洪泽湖、鄱阳湖等开展了"三网"整治拆除行动，草型湖泊以生产为目的的增养殖活动基本清退或大范围清退（阳澄湖保留河蟹网围养殖1.6万亩），进入资源养护和生态保育阶段。

2. 模式技术要点

《关于加快推进水产养殖业绿色发展的若干意见》指出，发挥水产养殖生态修复功能。鼓励在湖泊水库发展不投饵滤食性、草食性鱼类等增养殖。草型湖泊水质清澈，螺、蚬、虾等饵料资源丰富，同时也是鲤、鲫、鲌、黄颡鱼等鱼类的产卵场、索饵场和越冬场。水草在维持湖泊健康的"稳态"发挥了重要作用。因此，当局部水域优势种群的水草覆盖过高，一定程度上影响了其他水草的生长，或在高温季节腐烂，形成草害，需要在优势种群水草泛滥水域，组织人力进行人工调控。用刈草刀分割成"井"字形，有利于水体交换，增加溶氧。通过人工调控水生植物，改良水草群落结构，维持草型湖泊水生植物合理的覆盖度和群落结构，为螺类、鱼、虾、蟹等水生动物的繁衍、生长提供良好的水环境。

草型稳态是生态保育的主要目标。当不合理的渔业增养殖带来的环境效应超过水草的耐受限度时，水草会失去其应有的功能而消失。科学家发现当湖水总磷浓度超过每升80～120微克时，生态系统将从草型稳态向藻型稳态发生转换；若要实现从藻型稳态向草型稳态的转换，总磷浓度需要低于每升40～60微克。因此，在草型湖泊开展增养殖必须开展饵料资源承载力估算，以水草资源的生态保育为主要目标，减

少因增养殖造成水生植被退化。草型湖泊通常采用多品种混养，通常放养草鱼、青鱼、鲤、鲢、鳙等，搭配放养一些名优品种，如河蟹、鳜、鲌、黄颡鱼等，根据计划利用的植物量占最高生物的百分比确定合理的草食性鱼类放养量，合理利用水生植物资源。鱼类放养通常采用二龄鱼种，以水温12℃左右时放养为宜。

（三）水源型水库"生态保水"渔业

1. 基础理论

根据水库生态系统健康和渔业可持续发展需要，基于生态学原理和社会经济发展规律，运用现代工程技术和管理模式，通过资源养护、生态修复、增殖放流、合理捕捞等方式，构建具有生态系统净化、优质动物蛋白生产、库区休闲观光等功能的生态经济系统。生态增养殖完全依赖天然饵料资源（如藻类、有机碎屑、水草、浮游动物、底栖动物、小杂鱼和虾类等），不投放任何饲料和肥料，通过放养和捕捞优化鱼类群落结构，最大限度地将各类饵料资源转化为天然优质水产品。

根据《2018中国水资源公报》，我国1 097座水库营养状况评价结果显示，中营养水库占69.6%，富营养水库占30.4%，且我国大部分水库为水源型水库。在水源型水库发展渔业，应坚持生态优先，强化资源养护，以维持水库生态系统健康、保护水质为出发点，以现代生态学理论为基础，将渔业利用作为水质调控的重要手段，采用土著经济鱼类繁殖保护、关键生境修复、重要经济鱼类放流增殖、限额捕捞等技术方法，发展水源型水库资源养护渔业模式。重视水域生物多样性保护，按照《水生生物增殖放流管理规定》（2009年3月20日中华人民共和国农业部第20号令）确保放流苗种质量；强调渔业资源持续合理利用，强化科学捕捞管理，严禁有害渔具渔法。

2. 模式技术要点

水库鱼类放流增殖是指在水库水质和饵料生物生产力评估的基础上，计算不同生态位类型鱼类增养殖容量，合理投放滤食性（如鲢、鳙）、碎屑食性（如鲷类）和肉食性（如鲌类）经济鱼类，优化鱼类群落结构和功能，加快水库的物质循环和能量流动，发挥以渔控藻、以渔净水、鱼类群落优化和土著经济鱼类保护的功能，有利于水体富营养化的控制和渔业资源多样性维护。概括起来主要有四种模式，分别是重视水域生物多样性保护的资源养护型渔业模式，以渔控藻、以渔净水的生态保水型渔业模式，以主养滤食性的鲢、鳙的不投饵型网箱养殖模式，以推动养殖、加工、休闲服务等一二三产业融合发展的休闲观光型渔业模式。

（1）资源养护型渔业模式　贯彻生态优先原则，使用土著经济鱼类繁殖保护及关键生境修复技术，重视水域生物多样性保护，积极发展水库资源养护型渔业模式。要根据《水生生物增殖放流管理规定》，做好苗种放流质量控制，合理利用渔业资源，科学捕捞，绝不允许随意开采渔业资源。

（2）生态保水型渔业模式　根据现代生态学理论控制水质，将水质管理作为水库生态管理的主要内容，保障水库生态体系健康、稳定，积极发展保水渔业。参照水体环境、鱼类资源情况、饵料生物情况，投放经济鱼类。控制水库能量流动和物质循环，用渔业来控制水库藻类生长，用鱼类实现水资源净化。

（3）不投饵型网箱养殖模式　大中型水库中生存着丰富的浮游生物，以及有机腐屑、细菌等天然饵料资源，适合鲢、鳙生长发育，是发展网箱养殖鲢、鳙的良好水域。实践证明，大中型水库利用"放牧式"网箱养殖鲢、鳙，不需投喂任何商品饲料，也不需施肥，只要做好日常管理工作，即能获得高产，经济效益极为显著。

（4）休闲观光型渔业模式　当前，许多大中水库都修建于丘陵、山谷。美好的景色十分吸引人，可以增加旅游附加价值。因此，应积极鼓励建立结合渔业文化的水库，开发生态景区，挖掘渔业历史内涵和人文文化，促进康养、观光、垂钓、旅游、文化和加工融合，带动一二三产共同发展。

三、大水面围栏网箱养殖模式

（一）理论基础

在内陆水域适宜水深水域，以竹桩（或钢管、水泥柱等）和适宜网目的网围围成1公顷以下至几十公顷的水面，根据生物共生互补和物质循环利用原理，合理配置养殖品种和调节养殖水域内生物群落结构和环境条件，提高整个系统的功能和效率，从而达到经济效益和生态效益高度统一的淡水渔业养殖方式。

我国自古就有竹箔拦鱼、湖汊养殖的历史，在江浙一带通称为外

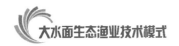

荡养鱼。渔民将鲢、鳙、鲤、草鱼、青鱼混养在一起，实现了大水面中多品种和不同规格的鱼类混合放养，充分利用水体的立体空间和自然饵料，渔民在长期生产实践中创造和积累的宝贵经验蕴含着朴素的生态学原理。

20世纪70年代末，中国科学院南京地理研究所率先在东太湖开展"以种植带动养殖""以湖养湖"的水体农业研究，随着"小、精、高"的高密度网栏养鱼模式的实验成功，太湖渔业模式由自然捕捞向局部湖区集约化的精养转变，湖泊大水面围栏设施渔业在东太湖及江苏开展，并在全国迅速推广。围栏养殖渔业规模、产量、品质和效益都显著提升，为湖区增效和渔民增收致富作出了重要贡献。然而，随着集约化围栏养殖强度增加，加上流域工农业污染影响，水体富营养化和生态退化现象日益严重。为保护大水面生态环境，按照中央环保督察要求，2016年起在全国开展了养殖围栏拆除工作。2015年，全国围栏养殖面积为 2.35×10^5 公顷，产量达 4.82×10^5 吨；网箱养殖面积为 1.47×10^4 公顷，产量达 1.38×10^6 吨。2019年，全国围栏养殖面积锐减至 1.17×10^4 公顷，产量减至 4.14×10^4 吨；网箱养殖面积锐减至 2.33×10^3 公顷，产量减至 4.27×10^5 吨。

（二）主要模式

根据水体自然条件、养殖品种的食性和生活习性，合理选择主养品种和套养品种，有效配置各养殖品种密度，在养殖过程中少投或者不投放饲料、饵料，有效利用水体自然资源，减少水体污染，降低水产养殖成本，水产品品质高，经济和生态效益好。目前国内除西部地区大水面冷水鱼网箱养殖外，东中部地区少数地方还存在围栏网箱主养鱼和围栏主养河蟹的大水面增养殖模式。

（1）围栏网箱生态养鱼　采用立体混养方式，养殖品种一般有草食性鱼类，草鱼、鳊、团头鲂等；吃食性鱼类，青鱼、鲤、鲫、鲴等；肉食性鱼类，鲌、鳜、黄颡鱼、长吻鮠等；滤食性鱼类，鲢、鳙等。此外，也套养虾、鳖、鳗等（彩图1）。立体混养以某一品种为主，配养其他适宜种类，解决了网围单养品种大多为以吃食性鱼类为主，易造成水体富营养化和病害多发的问题。当前，因为大面积围栏的拆除，骆马湖采用了漂浮式网箱鲢、鳙生态养殖形式（彩图2）。无框架的漂浮式网箱解决了大水面视觉上竹木桩林立、纵横交错的混乱景象，养殖仅靠摄食水体中浮游生物生长，不投饵、品质好，经济和生态效益高，整体投资少、风险低、环境友好。

（2）围栏生态养蟹　以河蟹为主养品种，同时套养鱼、虾的养殖方式。套养虾主要有罗氏沼虾或日本沼虾，套养鱼主要有沙塘鳢、鳜、鲫，少量鲢、鳙等。围栏内一般栽种伊乐藻、轮叶黑藻和苦草等沉水植物（彩图3）。沉水植物一方面可以作为河蟹的部分饵料，另一方面为它提供栖息隐蔽场所，同时调节水温，净化水体中氮、磷等营养元素，改善水质。河蟹-虾-鱼混养模式最大程度地利用了投喂饲料及养殖围栏内的天然饵料生物，减少了养殖污染，也提高了养殖的抗风险能力，经济和生态效益高、环境友好。

第二章

大水面增殖渔业关键技术

　　湖泊、水库等大水面增殖渔业是指在每个生产周期内，向大水面投放鱼种，长成成体规格，同时采取相应的保护措施，再进行合理捕捞，以获取水产品的一种渔业生产方式。当前，我国大水面增殖渔业还存在一些问题，如增殖品种不合理、不重视遗传多样性的保护等，放流物种的种质来源有的不符合要求，如放流改良种、外来种、跨水系跨流域放流等，对我国内陆水域生态系统产生较大的影响。因此，在环境和资源双重约束下，科学、合理增殖尤为重要。

　　大水面增殖渔业有其特点，即增殖鱼类群体的生长和生产依赖于水生态系统中的天然饵料。这就要求人们采取综合措施，使大水面生态系统的能量和物质的转换按照人们所需要的方向和方式进行，使能量流转充分纳入经济鱼类生产的轨道，以实现大水面生产、生活和生态的协调发展。因此，必须根据水体自然条件，选择适当的放养对象，测算科学的增殖容量，确定合适的放养数量、鱼种规格以及放养种类间的合理比例，同时需要结合拦鱼防逃、凶猛鱼类控制、合理捕捞以及天然鱼类保护恢复等措施，使大水面中的鱼类群体在种类、数量、年龄等结构上与水体天然饵料资源量相适应。以上所述的综合措施及其原理，可以概括地表述为"合理放养"。

　　我国各地湖泊水库等大水面虽然类型多样、自然条件差异巨大，但合理放养的原理普遍适用，仅是技术重点依水体生态环境条件的不同而有所不同，具体到某一大水面需要做到"一水一策"。

第一节　增殖容量测算

　　水体渔业生产力一直是渔业科学研究的中心问题之一。大水面最大可增殖多少水产品与其渔业生产力密切相关。增殖容量是指在保持生态系统健康、兼顾经济效益的前提下，大水面依靠自然资源的生产力所能产出的单位最大鱼类等水生经济动物生物量，包括自然增殖和人工放流增殖的水生经济动物的生物量。

增殖容量测算是大水面渔业高质量绿色发展前提条件，可为大水面增殖渔业的放养提供科学依据。在此前提下开展增殖渔业，可保证人类对大水面生物生态系统和渔业资源最大限度持续利用，使天然水域为人类提供更多的优质蛋白。

按照水产行业标准《大水面增养殖容量计算方法》（SC/T 1149—2020），增殖容量的测算包括生物能量学模型法和食物网模型法，具体内容如下：

一、食物网模型法

（一）营养级组成

大水面生态系统一般包含 5 个营养级，第 Ⅰ 营养级包括浮游植物、水生维管束植物、着生藻类等初级生产者以及有机碎屑。第 Ⅱ 营养级包括浮游动物、底栖动物、虾类等次级生产者，草鱼、团头鲂等植食性鱼类和细鳞鲴等碎屑食性鱼类。第 Ⅲ 营养级包括杂食性鱼类、浮游动物食性鱼类、底栖动物食性鱼类，如银鱼、麦穗鱼、鲤和青鱼等。第 Ⅳ 营养级为一些小型鱼食性鱼类，如沙塘鳢等。第 Ⅴ 营养级包括大型鱼食性鱼类，如鳡、鳜、翘嘴鲌等。

（二）营养级增殖容量

第 Ⅱ～Ⅳ 营养级的增殖容量按以下公式进行计算。

$$C_2 = C_1 \times E_1 \qquad (2\text{-}1)$$

$$C_3 = C_1 \times E_1 \times E_2 \qquad (2\text{-}2)$$

$$C_4 = C_1 \times E_1 \times E_2 \times E_3 \qquad (2\text{-}3)$$

$$C_5 = C_1 \times E_1 \times E_2 \times E_3 \times E_4 \qquad (2\text{-}4)$$

式中：C_1 为大水面生态系统的初级生产量，吨；C_2 为第 Ⅱ 营养级的增殖容量，吨；C_3 为第 Ⅲ 营养级的增殖容量，吨；C_4 为第 Ⅳ 营养级的增殖容量，吨；C_5 为第 Ⅴ 营养级的增殖容量，吨；E_1 为第 Ⅰ 营养级的生态营养转化效率，％；E_2 为第 Ⅱ 营养级的生态营养转化效率，％；E_3 为第 Ⅲ 营养级的生态营养转化效率，％；E_4 为第 Ⅳ 营养级的生态营

养转化效率,％。各营养级的生态营养转化效率计算方法如下。

(三)生态营养转化效率计算方法

1. 基本原理

生态营养转化效率是指食物网当前营养级的生产量沿食物链传递至下一营养级,并转化为下一营养级生产量的效率。影响生态营养转化效率的因素有很多,主要包括各营养级的生物组成、生产力、消耗率、自然死亡率等。生态营养转化效率可通过食物网 Ecopath 模型进行计算。

2. 食物网模型

Ecopath 模型定义食物网是由一系列生态关联的功能组组成,功能组是指分类地位或生态学特征相近的物种集合,也可以是单个物种或单个物种的某个生活史阶段。

根据热力学原理,Ecopath 模型规定食物网中的每一个功能区组 j 的能量输入与输出保持平衡,这种能量平衡表示为"消耗量＝生产力－呼吸量－未被吸收量",按下式计算。

$$B_j \times (Q/B)_j = B_j \times (P/B)_j + B_j \times (Q/B)_j \times (R/Q)_j + B_j \times (Q/B)_j \times (U/Q)_j \tag{2-5}$$

式中,B 为生物量,毫克/升或克/米²;P/B 系数为单位时间内生产量与平均生物量之比,％;Q/B 系数为消耗率,％;R/Q 系数为呼吸率,％;U/Q 为未被吸收率,％;j 为功能组。

3. 模型运行数据输入

Ecopath 模型的计算过程可通过 Ecopath with Ecosim（EwE）软件进行,数据输入要求如下:①各功能组的 B;②各功能组的 P/B;③各功能组的 U/Q;④初级生产者功能组之外的其他各功能组的 Q/B;⑤初级生产者功能组之外的其他各功能组的 R/Q;⑥功能组之间的食物联系矩阵。

二、生物能量学模型

(一)营养生态类型划分

根据水生动物的食性可将其划分为 6 种营养生态类型,即滤食性、草食性、底栖动物食性、着生生物食性、碎屑食性和鱼食性。滤食性水生动物是主要以浮游植物和浮游动物为食的水生动物类群,常见的如鲢、鳙;草食性水生动物是主要以水生维管束植物为食的水生动物类群，常见的如草鱼、鳊和团头鲂等；底栖动物食性水生动物是主要以底栖动物如软体动物、水生昆虫和环节动物为食的水生动物类群，如青鱼、花䱻、似刺鳊鮈、鲤、鲫、黄颡鱼、瓦氏黄颡鱼、黄鳝等；着生生物食性水生动物是主要以着生藻类和着生原生动物为食的水生动物类群；碎屑食性水生动物是主要以有机碎屑为食的水生动物类群，包括细鳞鲴、黄尾鲴等；鱼食性鱼类是主要以小型鱼类和虾类为食的水生动物类群，包括鳡、鳜、翘嘴鲌等凶猛性鱼类。

滤食性、草食性、底栖动物食性、着生生物食性、碎屑食性和鱼食性鱼类的增殖容量分别按以下公式进行计算：

$$F_{L}=100\times\frac{a}{k}\left[B_{P}\times(P/B)+B_{Z1}\times(P/B)\right]\times V$$

$$(2-6)$$

$$F_{C}=\frac{a}{k}P_{c} \qquad (2-7)$$

$$F_{D}=\frac{a}{k}B_{D}\times(P/B)\times S \qquad (2-8)$$

$$F_{Z}=\frac{a}{k}B_{Z2}\times(P/B)\times S \qquad (2-9)$$

$$F_{S}=C_{S}\times V\times(19.56\%Q_{1}+22.60\%Q_{2})\times3900000/(3560Q_{1}+3350Q_{2})$$

$$(2-10)$$

$$F_{Y}=\frac{a}{k}B_{Y}\times(P/B)\times S \qquad (2-11)$$

式中：F_L 为滤食性鱼类等水生经济动物的增殖容量，吨；F_C 为草食性鱼类等水生经济动物的增殖容量，吨；F_D 为底栖动物食性鱼类等水生经济动物的增殖容量，吨；F_Z 为着生生物食性鱼类等水生经济动物的增殖容量，吨；F_S 为碎屑食性鱼类等水生经济动物的增殖容量，吨；F_Y 为鱼食性鱼类等水生经济动物的增殖容量，吨；B_P 为浮游植物年平均生物量，毫克/升；B_{Z1} 为浮游动物年平均生物量，毫克/升；P_c 为水生维管束植物年净生产量，吨；B_D 为底栖动物年平均生物量，克/米²；B_{Z2} 为着生生物年平均生物量，克/米²；C_S 为有机碎屑有机碳年平均含量，毫克/升；B_Y 为小型鱼类和虾类年平均生物量，克/米²；P/B 为饵料生物年生产量与年平均生物量之比，不同区域湖泊和水库不同饵料生物的 P/B 系数可按表 2-1 确定；a 为鱼类等水生经济动物

对该类饵料生物允许的最大利用率，不同营养生态类型鱼类对不同饵料生物的最大利用率参考表 2-2；k 为鱼类等水生经济动物对该类饵料生物的饵料系数，不同营养生态类型鱼类对不同饵料生物的饵料系数可按表 2-2 确定；S 为湖泊或水库面积，单位为千米²；V 为表层 20 米以内的大水面容积，不足 20 米的按实际容积计算，单位为 10^8 米³；Q_1 为水体中鲢占鲢、鳙的数量比例，%；Q_2 为水体中鳙占鲢、鳙的数量比例，%。

表 2-1 不同区域湖泊和水库不同饵料生物的 P/B 系数

区域	浮游植物	浮游动物	底栖动物	着生生物	小型鱼类和虾类
华东地区	100～150	25～40	3～6	80～120	2.0～2.5
华中地区	100～150	25～40	3～6	80～120	2.0～2.5
华北地区	60～90	20～30	2～6	60～80	2.0～2.5
东北地区	40～60	15～25	2～5	40～60	1.5～2.0
蒙新地区	60～80	20～30	2～4	40～60	1.5～2.0
青藏地区	40～60	20～30	2～4	40～60	1.5～2.0
云贵地区	80～120	25～35	3～5	80～100	2.0～2.5
华南地区	150～200	30～40	4～8	100～120	2.0～2.5

表 2-2 不同营养生态类型鱼类对不同饵料生物的最大利用率和饵料系数

饵料类型	最大利用率（%）	饵料系数
碎屑	50	200
浮游植物	40	80
浮游动物	30	10
水生维管束植物	25	100
底栖动物	25	6
着生生物	20	100
小型饵料鱼类	20	4

（二）各营养生态类型增殖总容量

各营养生态类型鱼类等水生经济动物的增殖总容量按下列公式进行计算。

$$F_T = F_L + F_C + F_D + F_Z + F_S + F_Y \qquad (2\text{-}12)$$

式中：F_T 为各营养生态类型增殖总容量，吨。

第二节　放养技术

一、适宜增殖面积计算方法

对浅水湖泊而言，水深较浅、湖底较平坦且倾斜度小，水位变化幅度小且稳定，因而湖泊水域面积变化小，适宜增殖水面积相对较为稳定。

相对湖泊，水库的深度大，库底倾斜度大，具有农业灌溉、饮用水源地、蓄水防洪和水力发电等功能，在水库运行过程中，水位波动大，水位变化较为剧烈，这给准确确定水库宜渔水面积带来了难题，但可以根据水库特点来确定一种相对比较合理的宜渔水面积的计算方法。通常有两种方法，介绍如下：

水位多年平均值法：计算如5～10年以上水库水位的多年平均值，并以这个多年平均值所对应的水库水域面积作为宜渔水面积。

常见水位法：水库的主要功能会影响水库水位，因此可以根据水库的主要功能，将最常出现的一个水位核定为宜渔水位，与该水位相对应的水库水域面积即为宜渔水面积。可以根据以下两种方法核定宜渔水面积：

宜渔水位＝（正常蓄水位－死水位）×2/3 ＋ 死水位

宜渔水位＝（正常蓄水位－死水位）×1/2 ＋ 死水位

需要指出的是，所谓水库的"宜渔水面积"应考虑鱼类等水生动物的生长及因生长而达到的最大载鱼量。

二、放养品种选择

湖泊、水库等大水面生态系统生境多样，从垂直空间来看，可以划分为表层、中层和底层；从水平空间分布来看，又可以划分为沿岸带和敞水区；生物组成也多种多样，包括浮游植物、浮游动物、底栖动物、水生维管束植物、周丛植物和鱼类等组成成分，可以作为不同食性鱼类天然生物饵料。近年来，越来越引起重视的是有机碎屑和微生物，它们可提供大量的渔产潜力，是浮游植物提供的2～4.5倍。因此，要科学充分地发挥水体的渔业生产功能，需要将具有不同生活习性和食性的鱼类进行增殖放养，以便让它们占领不同的食物生态位和空间生态位，各摄其食、各得其所，从而较为全面、合理地利用水体

的各种各样的空间资源和丰富多彩的饵料资源。这就需要对鱼类进行多营养级立体放养，或称之为混养。

当前，适应在湖泊、水库中进行放养的鱼类等水生动物主要包括鲢、鳙、草鱼、青鱼、团头鲂、鳊、鲫、鲤、细鳞鲴、黄尾鲴、花䱻、鳜、翘嘴鲌、蒙古鲌、黄颡鱼、乌鳢、大银鱼、中华绒螯蟹、日本沼虾、河蚬等。适合放养的鱼类还包括一些适宜生活在西北、东北、华北以及西南等高纬度、高海拔湖泊、水库中的冷水性鱼类，如池沼公鱼、细鳞鲑、高白鲑、齐口裂腹鱼、江鳕等。在内陆地区某些盐碱湖泊，它们的自然生态环境条件严酷，鲢、鳙、草鱼、鲂等鱼类在那里要么难以存活，要么生长缓慢。要开发这些盐碱湖泊，瓦氏雅罗鱼和青海湖裸鲤是可以选择的品种。

根据《水生生物增殖放流管理规定》《关于推进大水面生态渔业发展的指导意见》等有关文件、规范和标准的要求，大水面增殖渔业放养品种的选择应遵循以下原则：①充分发挥放养品种的生态功能，可根据资源调查结果合理投放滤食性、肉食性、草食性及碎屑食性的当地土著品种，发挥增殖渔业的生态功能，实现以渔抑藻、以渔净水，修复水域生态环境，维护生物多样性。各地生态环境问题也不尽相同。增殖渔业应根据不同的功能目的，选择相应的主要适宜物种进行增殖放养。②用于增殖放流的亲体、苗种等水生生物应当是本地种。苗种应当是本地种的原种或者子一代，确需放流其他苗种的，应当通过省级以上渔业行政主管部门组织的专家论证。禁止使用外来种、杂交种、转基因种以及其他不符合生态要求的水生生物物种进行增殖放流。③用于增殖放流的水生生物应当依法经检验检疫合格，确保健康无病害、无禁用药物残留。④用于增殖放流的人工繁殖的水生生物物种，应当来自有资质的生产单位。其中，属于经济物种的，应当来自持有《水产苗种生产许可证》的苗种生产单位。

三、主要放养品种

1. 鲢（*Hypophthalmichthys molitrix*）

隶属鲤形目、鲤科、鲢属，一种典型的浮游生物食性的鱼类（彩图4）。仔鱼以浮游动物如轮虫和枝角类、桡足类无节幼体为食。稚鱼期以后鲢主要滤食浮游植物，兼食浮游动物、腐屑和细菌聚合体。鲢广泛分布于全国各水系，栖息于江河干流及附属水体的上层，性活泼，善跳跃，稍受惊吓即四处逃窜，蹿出水面最高可达 1 米多。产浮性卵，在流水中漂浮，在静水中下沉。产卵群体每年 4 月中旬开始集群，溯河洄游至产卵场繁殖。产卵后的成鱼往往进入湖泊中摄食。冬季处于不太活动的状态。鲢食物链短，适应性强，生长速度快，且性别间生长无显著差异，与鳙一起成为湖泊、水库、河道放养的主要对象。

2. 鳙（*Aristichthys nobilis*）

隶属鲤形目、鲤科、鳙属，浮游生物食性鱼类，主要以浮游动物为食，兼食浮游植物，在一些大水面水体中也发现其主要摄食浮游植物（彩图 5）。人工养殖条件下，也摄食豆饼、米糠、酒糟等人工饲料。摄食强度随季节变化而变化，每年 4—10 月摄食强度较大。鳙广布于全国各个江河、湖泊、水库，生活在水体中上层，性温和，行动迟缓不善跳跃。鳙 4～5 龄性成熟，雄鱼最小为 3 龄，繁殖期在 4—7 月。性成熟时到江中产卵，产卵后大多数个体进入沿江湖泊摄食肥育，冬季湖泊水位跌落，则在深水区越冬，翌年春暖时节则上溯繁殖。鳙产漂流性卵，产卵场多在河床起伏不一的江段。产卵活动多发生在水位陡涨的汛期；水位下跌，水流趋于平稳，产卵活动即行停止。

3. 草鱼（*Ctenopharyngodon idella*）

隶属鲤形目、鲤科、草鱼属，俗称鲩、油鲩、草鲩、鲩鱼、白鲩、草根（东北）等（彩图 6）。分布广，在我国分布于黑龙江至云南元江（西藏、新疆地区除外），已移养到亚洲、欧洲、美洲、非洲等多个地区。草鱼性活泼，游泳迅速，是典型的草食性鱼类，常成群觅食。饲料来源广，生长快，肉质品级高，为我国传统养殖对象，是目前全球养殖产量最高的经济鱼类。鱼苗时期以浮游生物为食，幼鱼兼食水生昆虫，如蚯蚓、蜻蜓稚虫等，体长 5 厘米以上的幼鱼就逐渐转变为草食性，体长达到 10 厘米左右完全可以高等水生植物为生。成体主要以高等水生植物为食，摄食种类具可塑性，随各个水体所生存的种类为转移。一般而言，苦草、轮叶黑藻、小茨藻、眼子菜、浮萍是其最喜食的种类。栖息于平原地区的江河湖泊，一般喜居于水体的中下层和近岸多水草区域，也时而到上层觅食。涨水后被淹没的有草区域，常是草鱼的育肥场所，有些旱草也为草鱼所喜食。草鱼一般 4 龄性成熟，最早 3 龄，繁殖季节与鲢相近，在 4—7 月，繁殖期在中国南北各地有差

异，在长江为 4—6 月，中国东北稍迟。一般河流汇合处、河曲一侧的深槽水域及两岸突然紧缩的江段都适宜草鱼产卵。

4. 青鱼（*Mylopharyngodon piceus*）

隶属鲤形目、鲤科、青鱼属，是我国淡水养殖的"四大家鱼"之一（彩图 7）。青鱼鱼体为青色，生长快，体形长，个体大，形似草鱼，体长可达 145 厘米，最大可达 70 多千克。肉味鲜美，营养价值高，是一种优质鱼类。除在新疆、青藏高原无自然分布外，在我国各大江河水系都有分布。青鱼通常栖息在水的中下层，一般不游到表层，生性不活泼。4—10 月为摄食季节，常集中在江河弯道、沿江湖泊及其他附属水体中育肥，冬季在水体深处越冬。鱼苗和鱼种阶段，主要摄食浮游动物。体长 15 厘米时开始摄食螺类和贝类，鱼种有时也摄食蜻蜓稚虫、摇蚊幼虫等底栖动物。成鱼主要以螺类、蚬类、蚌类、虾类和水生昆虫等为食。青鱼雌鱼 5～7 龄、雄鱼 4～5 龄性成熟。性成熟个体性腺每年成熟 1 次，一次性产卵。每年 5—6 月为繁殖季节，适宜水温18～28℃。当产卵场涨水，水流速 1～2 米/秒，流态变乱时，青鱼开始产卵。产漂浮性卵，随水流而孵化发育。

5. 团头鲂（*Megalobrama amblycephala*）

隶属鲤形目、鲤科、鲂属，为中国特有种（彩图 8）。团头鲂原只分布于长江中下游附属的湖泊，如湖北的梁子湖、东湖及江西的鄱阳湖等地，移养成功后已推广到全国，但自"十四五"起仅能在长江中下游的通江湖泊中放养，禁止在国内其他水域增殖放流。体长 16～46厘米，体侧扁而高，呈菱形，背部较厚，鳍呈灰黑色。草食性，适应于湖泊静水水体中生长繁殖，平时栖息于底质为淤泥、生长有沉水植物的敞水区的中下层。体长 3.1～3.5 厘米的幼鱼主要以浮游动物为食，体长 3.4～3.7 厘米幼鱼开始取食水生植物嫩叶，以后逐渐转为以水草为主，包括苦草、轮叶黑藻、眼子菜等。团头鲂在静水湖泊中产卵，卵黏性。自然产卵大多在 5 月上旬至 7 月上旬。产卵场的环境条件要求有一定的水流，生长有茂密的水草，湖泊底质为软泥，水深 1～1.5 米，水色浑黄，含泥沙较多，透明度 10～20 厘米。

6. 鳊（*Parabramis pekinensis*）

隶属鲤形目、鲤科、鳊属。俗称鳊鱼、长春鳊（彩图 9）。肉味鲜美，为重要经济鱼类，可养殖。体甚侧扁，中部较高，略呈菱形，自胸基部下方至肛门间有一明显的皮质腹棱。体长达30余厘米，重可达2千克。鳊广泛分布于全国主要水系的江河、湖泊中，产量大，是天然水体中主要的捕捞对象之一。生活范围较广，不论静水或流水都能生存。成鱼通常栖息水体中下层，尤其喜欢在河床上有大岩石的流水中活动；幼鱼喜栖息在浅水缓流处。草食性，以食大型维管束植物（如苦草、马来眼子菜等）和丝状藻为主，兼食硅藻、枝角类、桡足类和轮虫以及少量小型螺和蚌。繁殖季节为5—8月，产半浮性卵，生殖季节到流水场所产卵。

7. 鲫（*Carassius auratus*）

隶属鲤形目、鲤科、鲫属，分布广，是我国最常见的淡水鱼类之一，除西部高原地区外，各江河水系都有分布（彩图10）。鲫生长快，肉质肥美，深受百姓喜爱，是我国重要的养殖性鱼类；适应性强，能耐低氧、耐寒，对产卵场的要求不苛求，即使在pH为9的碱性水体中也能生长繁殖，从亚寒带到亚热带不论是深水或浅水、流水或静水、清水或浊水均能生存。鲫是杂食性鱼类，食性广，动物性食物有轮虫、枝角类、桡足类、虾类等，植物性食物有硅藻类、丝状藻类、水生植物、高等植物种子和腐殖碎片等。在不同生长阶段食性略有差异。体长1～5厘米时，食物以藻类为主，其次为浮游动物；体长5～10厘米时，食物种类增加，除了摄食浮游动物外，还摄食高等植物的幼芽、嫩叶和碎片；体长10～15厘米时，高等植物的摄食数量明显增加；体长15厘米以上时，多摄食底栖生物。产卵期3～8月，水温达17℃时开始产卵，水温20～26℃为产卵最盛期。鲫产黏性卵，能在静水环境中产卵，喜在底质软、水草多、水较清的场所产卵，卵产在水草上。产卵场广布于湖泊沿岸水草丛生的浅水区，水深1米左右。

8. 鲤（*Cyprinus carpio*）

隶属鲤形目、鲤科、鲤属，是最早被养殖的鱼类之一，广泛分布于我国各水系（彩图11）。体延长而侧扁，肥厚而略呈纺锤形，背部略隆起，腹缘呈浅弧形。鲤为底栖鱼类，生活在水体的中下层，喜栖息在底质松软和水草丛生的场所，环境适应性很强。杂食性，体长1.5厘米幼鱼主食轮虫和小型枝角类；3厘米以上幼鱼主要摄食枝角类、桡足类、摇蚊幼虫和其他水生昆虫的幼虫；10厘米以上个体开始摄食水生高等植物碎片和螺、蚬、蚌等软体动物，也摄食藻类和有机碎屑。性情温和，生命力旺盛，既耐寒耐缺氧又较耐盐碱，在含盐量小于7克/升

的咸水中生长良好，最适宜含盐量为1～4克/升。最适宜的水温在20～32℃，最适宜繁殖的水温22～28℃，最适宜生长的pH是7.5～8.5。体长30厘米以上，2龄鲤全部达到性成熟，产黏性卵，属草上产卵类型，水温18℃以上开始产卵。

9. 细鳞鲴（*Xenocypris microlepis*）

隶属鲤形目、鲤科、鲴属，俗称黄尾、黄力梢、沙姑子、黄片、板黄鱼，为常见经济鱼类，分布于我国珠江、闽江、长江和黑龙江等水系（彩图12）。在鲴类中个体最大，可长达3千克；生长快，2年能长至0.5千克左右；繁殖条件要求较低，种群增殖能力强；碎屑食性鱼类，主要以硅藻、丝状藻等着生藻类及水生高等植物碎屑为食，动物性食物少见。细鳞鲴在江河、湖泊和水库等不同环境均能生活，一般栖息于水体中下层，平时多与鲴属其他种类在一起，分散活动、觅食。一般2年鱼可达性成熟，繁殖力强。属石砾产卵鱼类，卵黏性，4—6月产卵，集群溯河至水流湍急的砾石滩产卵，受精卵附在石砾上孵化。黏性较弱，易从附着物上脱落。

10. 黄尾鲴（*Xenocypris davidi*）

隶属鲤形目、鲤科、鲴属，俗名黄尾、黄力梢、黄片、黄鱼、黄姑子，分布于珠江、长江、黄河、海南以及我国东南部各支流中（彩图13）。黄尾鲴为底栖鱼类，是中小型淡水鱼类，生活在水体的中下层。最适生长水温22～24℃，耐氧能力近似鲢。碎屑食性鱼类，主要摄食植物碎屑、腐殖质和底层着生的藻类，动物性食物少见。在自然界中，黄尾鲴1龄鱼可达100～200克，性成熟期为2龄，繁殖季节在4—6月，产卵期有明显短程洄游现象，亲鱼集群溯游到浅滩产卵。卵黏性，产卵在石砾上。

11. 花𩾌（*Hemibarbus maculatus*）

隶属鲤形目、鲤科、𩾌属，广泛分布，除新疆和青藏高原外，全国各水系均有分布。底栖动物食性，以螺类、蛤类、虾类、水蚯蚓、水生昆虫幼虫等底栖无脊椎动物为主食（彩图14）。幼鱼期以浮游动物为食，兼食一些藻类及水生植物。生活在水体的中下层，喜底栖钻洞，常聚居或出没于沿岸长有青苔的石缝、木桩等障碍物附近。性温驯，对水流较敏感，尤其是春汛繁殖期间，稍有水流即兴奋游窜，甚至跃出水面。始达性成熟年龄为第2年，产卵期通常在4—6月，水温16～

23℃，尤以 4 月中旬至 5 月为盛产期。产卵比较集中的地带都具有一定的水流，受精卵具黏性，一般黏附于石砾或水草上发育。

12. 鳜（*Siniperca chuatsi*）

隶属鲈形目、鮨科、鳜属，俗称翘嘴鳜、桂花鱼、桂鱼、季花鱼，分布于我国除青藏高原外的各水系（彩图 15）。鳜肉质细嫩，味鲜美，刺少肉多，营养丰富，早在唐代就有了诗人张志和盛赞鳜的诗句"桃花流水鳜鱼肥"，是上等淡水食用鱼。鳜为肉食性鱼类，性凶猛，终生以鱼类、虾类和其他水生动物为食，初孵化的仔鱼即食小鱼；能吞食与自身体重相当的其他鱼类，甚至摄食同类小鱼。鳜属淡水鱼类，喜欢栖息于江河、湖泊、水库等水草茂盛较清澈的水体中，白天一般潜伏于水底，夜间四处活动觅食，不喜欢作长距离的洄游和迁移，不喜群居。生活的适宜水温 15～32℃。鳜 2 龄达性成熟，繁殖期在 4—8月，南北有差异，长江流域为 5 月中旬至 6 月上旬，华南地区为 4—8月，黑龙江流域为 6 月中旬至 7 月下旬。卵具油球，漂浮性，产卵场通常在有一定流速的湖泊进水处和有风浪拍击的岸滩，或溯游到溪流产卵，在雨后涨水的夜晚产卵活动最盛。

13. 翘嘴鲌（*Culter alburnus*）

隶属鲤形目、鲤科、鲌属，俗称白水、白花、条鱼、翘嘴、翘嘴白丝，分布甚广，北至黑龙江，南至珠江的各大水系（彩图 16）。翘嘴鲌生长快，肉味鲜美细嫩，既具有较高的经济价值，同时也具有一定的生态功能，可将小杂鱼转化为经济、营养价值均较高的鱼肉蛋白。生活在流水及大型水体中，多活动在水的中上层，游泳迅速，善跳跃；在有风浪时和晨昏有阳光照射到水面时尤为活跃，而且是成群的"集体行动"；幼鱼喜栖于湖泊近岸水域和江河缓流的沿岸。鱼食性鱼类，食物组成有浮游生物、鱼类和底栖动物等，在长江下游湖泊如太湖和淀山湖以鲚属鱼类为主；体长 10 厘米以下，主要以水生昆虫、枝角类、桡足类和虾类等为食；15 厘米以上幼鱼以小鱼为主；成鱼则以鱼类为主、兼食虾类。适温能力相当强，能在低水温（5℃左右）及高水温（36℃左右）的条件下生活。一般 3 龄性成熟，在江河湖泊中均能繁殖，春夏季有微流水、风生流或涨水时在近岸产卵繁殖，常在沟湾借助水草、树丛等障碍物进行排卵。卵微黏性，可随水漂浮，亦可黏附在砂石和水草上，先附着于浮漂的水草或其他物体上，后脱落附着物继续发育。

14. 蒙古鲌（*Culter mongolicus*）

隶属鲤形目、鲤科、鲌亚科，是一种肉味较佳的食用鱼，分布广泛，除新疆和青藏高原外，我国其他水系均有分布记录（彩图17）。性情活泼，行动迅速，结群捕食。性凶猛，属鱼食性鱼类，以捕食小鱼为生。幼鱼和成鱼食性有明显差异，幼鱼主要摄食枝角类、桡足类和水生昆虫，成鱼则以鱼类和虾类为主要食物。生活在水流缓慢的河流、河湾、湖泊，喜栖于这些水体的中上层，平时活动分散，繁殖季节常集群产卵。一般2龄性成熟，生殖季节在5—7月，产卵盛期在6月中下旬。在有流水的环境中产卵，卵具黏性，白色，黏附在水草、石块或其他物体上发育孵化。冬季多集中在河流深水处或湖泊的深潭越冬。

15. 大银鱼（*Protosalanx hyalocranius*）

隶属鲑形目，银鱼科，自然分布于我国黄海、渤海、东海沿岸河口及与之相通的河流中下游和湖泊中，是一年生优质小型经济鱼类。1985年大银鱼移养首获成功后，因投资小、效益高被推广到我国内陆广大地区，但"十四五"开始禁止在原产地以外的区域增殖放养。大银鱼在生活史早期阶段以浮游动物为食，在刚孵出的一段时间内也摄食浮游植物；体长8厘米以后逐渐向肉食性转变，11厘米以上主要以小型鱼虾为食。大银鱼为冬季繁殖的鱼类，自12月中下旬启动繁殖，繁殖高峰在12月下旬或1月上旬，北方繁殖时间稍早于南方；产黏性卵，产卵水温范围为2～8℃，产卵次数因地而异，可一次性产卵、多次分批产卵，繁殖后亲鱼死亡。

《农业农村部关于做好"十四五"水生生物增殖放流工作的指导意见》（农渔发〔2022〕1号）（以下简称《指导意见》）明确了严禁放养的外来种、杂交种和选育种及其他不符合生态要求的水生生物名录，一类为全国禁止放养的物种或品种，如匙吻鲟（*Polyodon spathula*）、蓝鳃太阳鱼（*Lepomis macrochirus*）、绿太阳鱼（*Lepomis cyanellus*）、大口黑鲈（*Micropterus salmoides*）、斑点叉尾鮰（*Ietalurus punetaus*）、红尾鲇（*Phractocephalus hemioliopterus*）、麦瑞加拉鲮（*Cirrhinus mrigala*）、欧洲鳗鲡（*Anguilla anguilla*）、台湾泥鳅（*Paramisgurnus dabryanus* spp. Taiwan）、锦鲤（*Cyprinus carpio* var. *specularis*）、金鱼（*Carassius auratus*）、建鲤（*Cyprinus carpio* Jian）、全雄黄颡鱼（all-male *Pelteobagrus fulvidraco*）、革胡子鲇（*Clarias lazera*）、团头鲂"浦江

1号"（*Megalobrama amblycephala* ver.）、湘云鲫（*Carassius auratus* var.）、凡纳滨对虾（*Litopenaeus vannamei*）、罗氏沼虾（*Macrobrachium rosenbergii*）、红螯螯虾（*Cherax quadricarinatus*）、克氏原螯虾（*Procambarus clarkii*）及各种罗非鱼等；另一类为区域性禁止放养的物种或品种，即禁止在一些特殊区域或原产地以外的区域进行放养，如团头鲂、池沼公鱼（*Hypomesus olidus*）、大银鱼（*Protosalanx hyalocranius*）、丁𩽾（*Tinca tinca*）、鲈梭（*Sander lucioperca*）、河鲈（*Perca fluviatilis*）、乌鳢（*Channa argus*）、麦穗鱼（*Pseudorasbora parva*）等。例如，池沼公鱼仅能在黑龙江、图们江下游以及鸭绿江中下游中放养，禁止在原产地以外的区域放养；又如大银鱼禁止在西北内流区、西南跨国诸河流域、青藏高原、华南和海南岛放养。常见的禁止放养或区域性禁止放养的物种或品种名录详细参考上述《指导意见》的附件4。同时，应遵循"哪里来哪里放"原则，确保种质纯正，避免跨流域、跨海区放养导致生态风险。

四、放养规格

鱼种放养规格的确定需要因水制宜，放养规格与上市规格及湖泊、水库中凶猛类鱼类种类、数量等因素有关。一般认为，放养规格越大，鱼类生长越快，被掠食的概率就越低，回捕率就越高。特别是水库，其水深、流急、风浪大、敌害较多，要求鱼种具有较强的适应能力和避敌能力，且水库营养盐含量较小，生物饵料密度较低，鱼种要有较强的觅食能力和竞食能力。如果放养鱼种的规格太小，则不能迅速适应大水面的生活环境，索饵能力弱、生长慢，容易被凶猛性鱼类掠食，或从进出口流失。大规格鱼种体质相对健壮，适应能力强，生长快，可以较快地达到商品鱼规格。在水库蓄水初期，水位较低，无泄洪需求，饵料生物比较丰富，再加上凶猛性鱼类种群还很弱小，抓紧在这个有利时机投放小规格鱼种甚至夏花也可以收到良好效果。

现阶段，大多把体长13.3厘米作为放流鱼种的起点规格，但这不是最佳规格。因为不同凶猛鱼类种群组成在不同生态条件下对鱼种危害有很大差别，如鳡能捕食其自身长度34.4%～44.5%的饵料鱼，即使放流13.3厘米的鱼种也无法保证不被掠食。因此，可以根据水库面积大小、主要凶猛鱼类种群组成而对放养鱼种的规格提出不同的要求。

生产实践证明，与上述根据大水面适应能力和敌害逃避能力确定的鱼种放养起点规格相一致的是，体长 13 厘米以上的鳙鱼种当年可以生长到上市规格（0.5 千克），而体长 10 厘米以下的鱼种在第二年才能长到 0.5 千克以上。在长江中下游及以南的湖泊、水库中放养密度合理时，体长 13.3 厘米的鱼种当年可达 0.5 千克的商品鱼规格，而在东北、西北地区，体长 13.3 厘米的鱼种次年才能长到 0.75 千克左右。这一放养规格也与我国的苗种培育水平相适应。市场需要 1.0 千克以上的鲢、鳙，各地已经可以将苗种规格进一步提高到 16.6 厘米以上，因此可以明显提高经济效益。东北、西北地区水温较低、生长周期较长，大规格苗种的培育难度比南方大得多。限于目前的苗种培育水平，可适当降低放养鱼种规格。一些放养实践表明，在 5～13.2 厘米的放养规格下，一些水体也能取得较好的效益。

上述鱼类放养规格主要是针对鲢、鳙、草鱼和青鱼等，而对鲤、鲫、团头鲂、鲴类及鲮等而言，6.5 厘米规格鱼种也可以放养。这些放养规格并不是固定不变的，在开展分级放养的地方，实行 2 龄鱼种的放养，这样可以捕 3～4 龄或以上龄期的成鱼上市，以增加经济效益。

五、拦鱼技术

一个开展增养殖渔业的大水面，应能做到不让放养的鱼类向外逃逸，也不使外界的凶猛鱼类任意进入。湖泊、水库往往与许多河流相通，放养的鱼类可以借助通道主动或被动外逃而导致经济损失，因此兴建经济有效的拦鱼设施，防止鱼类外逃，是提高渔业产量和经济效益的有效措施之一。拦鱼设施宜建在河床断面小、水深 2～5 米、流速 0.5 米/秒以下的出入水口处。截水面积不小于或略大于该处河床断面。在交通要道，应设过船箔门，以便于过往船只的通行。

拦鱼设施的设计原则和依据：

目前，湖泊、水库用的拦鱼设施主要有拦栅和拦网两种类型，但都需要根据投放的鱼种规格，选择合理的栅距和网目规格。栅距和网目太小，会影响过水，增加投资成本，造成浪费；栅距和网目太大，鱼种容易逃逸，发挥不了拦鱼功能。

1. 拦栅栅距和拦网网目规格

（1）鲢标准　大水面生态渔业需要往湖泊、水库中增殖多种经济鱼类，它们具有不同的形态特征，无法同时采用多种规格的拦鱼设施，通常以某一种鱼类的体型特点来确定拦栅栅距和拦网网目大小。综合不同放养鱼类的形态特征、活动能力、行为特点以及它们的相对放养规模，认为只要能拦得住鲢，则同一规格的其他鱼种也能够被拦住。依据这一推论，提出了"鲢标准"，即拦鱼设施的栅距和网目可以依据鲢鱼种的体型参数为标准来确定。

根据鲢全长与头宽、全长与最大体周长的关系进行统计测算，拦截各种规格鲢鱼种所应选取的栅距和网目规格如表 2-3。

表 2-3　拦栅栅距和拦网网目大小与放养鱼种规格的关系（引自王武，2000）

鱼种规格（厘米）	栅距（厘米）	网目长度（厘米）
≥3.3	≤0.4	≤0.7
≥6.6	≤0.7	≤1.5
≥10.0	≤1.0	≤2.3
≥13.3	≤1.4	≤3.0
≥16.6	≤1.7	≤3.8

在湖泊、水库等进水口，需要考虑鱼类顶水溯游习性而导致的承受挤压受伤而外逃的现象，此时鱼类能够穿越较自身头宽小的栅距或小于自身最大周长的网目，有人称之为"穿拦系数"。鲢对拦栅而言的穿拦系数为 1.2，对拦网的穿拦系数为 1.5。在拦截溯水而上的鱼种时，应采用穿拦系数对栅距和网目加以修正。栅距＝鲢颅宽的 95% 可信限下限/1.2，网目周长＝鲢最大体周长的 95% 可信限下限/1.5。

（2）团头鲂标准　很明显，适用于纺锤形鱼类的拦栅栅距和拦网网目的鲢标准不适用于侧扁形鱼类，如团头鲂和鳊。因此，对这类高侧扁形鱼类而言，拦栅栅距和拦网网目应采用另外一种标准，我们把它称之为团头鲂标准。在同一体长的情况下，团头鲂的头宽始终小于鲢，故应以团头鲂的头宽来设定拦栅的栅距；而只有体长大于 5.76 cm 时，团头鲂的最大体周长才大于同一体长的鲢，因此当团头鲂的体长超过 5.76 cm 时，拦网网目可以按鲢标准设计。

2. 拦鱼设施的种类和结构

拦鱼设施种类多，包括竹箔及其改进型——网箔、金属拦鱼栅、拦鱼电栅等；它们各有特点，适应不同类型水体的拦鱼要求。

（1）竹箔与网箔　竹箔是湖泊养鱼中的常见拦鱼设施，具有结构

简单、成本低廉、管理方便和拦鱼效果好等特点。竹箔由箔帘和支架构成。箔帘是将毛竹劈成的竹丝,用棕绳编织而成,它是过滤水流、阻拦鱼类的主要部分。支架由桩及栏杆等相互连接而成,用以支持箔帘,是竹箔的骨架。竹箔的形式很多,包括拦塞箔、直过箔和兜底箔。拦塞箔适用于没有船只通过且水流缓慢的水口;直过箔与拦塞箔相似,只是需要在航道部位增设一道箔门;兜底箔适用于水流较急的地方。

网箔是用网片替代竹箔的箔固定在支架上以过水拦鱼,具有阻水面积小、有效过水面积大的特点,排水畅通,网箔所受到的水压力及风压力均比竹箔小很多。

(2)金属拦鱼栅 适用于宽度小、水流较急的水库泄洪道或放水涵洞口以及宽度不大没有船只来往的湖泊进出水口,主要由支柱和栅网所组成。

(3)拦鱼网 拦鱼网由网身和受力装置两部分组成,网身依靠受力装置固定、垂挂于拦鱼断面上,能适应水深和底貌复杂的地方,抗洪强度大,故普遍应用于水库拦鱼。其缺点为排污物的性能差,网线易老化,冬季拦网上结冰,网线易脆断。网身包括主网、防跳网及敷网三部分。主网是拦鱼网的主要部分,其形状和尺寸应与拦鱼断面相适应。受力装置分为岸边和水下两类受力装置。岸边的有岸墩或力桩,水下的有铁锚或抛墩。岸墩和力桩是建筑于岸坡的混凝土装置,用来固定拦鱼网的上、下纲,承受作用于拦鱼网上的力。若拦鱼网安装在航道上,则还需要加装过船装置。过船装置一般是在航道水底设一个或两个抛墩,用绳索的一端穿过抛墩上的铁环系在主网的上纲,另一端系在岸上或管理船上。当需过船时,在岸上或管理船上借助绞车收拉绳索,拦鱼网上纲便会下沉,让船通过;然后放松绳索,借助浮子的浮力使网衣和上纲上浮,恢复原状。

第三节 捕捞技术

一、捕捞时间

捕捞时间即渔期。往常多数生产单位习惯于年初放养,年底集中捕捞,北方地区在冰冻前的秋季或者冬季冰下捕捞,这会导致捕捞上来的商品鱼集中上市,致使商品鱼价格上不去,效益低下。因此,宜改为一年多次捕捞，改集中上市为多次分批上市，既可满足市场的均衡需求，又能增加经济效益。在此种多批次捕捞上市的情况下，还可以降低大水面水体中鱼类密度，增加水中鱼类饵料的可获得性，从而促进生长。

二、捕捞规格和数量

捕捞多大规格的鱼涉及生产单位经济效益，合适的捕捞规格能够使其经济效益最大化。确定合适的捕捞规格至少需要从生产周期、鱼类的生长规律和鱼产品质量等方面考虑。生产周期越短，周转越快，从这个角度看，只要鱼产品达到商品鱼规格就被认为是合理的；但从鱼类生长规律来看，应在鱼类生长率最大时捕捞，养殖鱼类一般在 2～3 龄期体长增长速度最快，3～4 龄体重增长最显著。鲢、鳙肌肉生化成分分析（蛋白质、氨基酸、脂肪以及不饱和脂肪酸含量）表明，3～4 龄鱼品质最佳。综合以上两点来看，以 3～4 龄鲢、鳙为主要捕捞对象是合理的。

三、渔具

所有用来捕获水产经济动物的设备，统称为渔具。渔具分为刺网类、围网类、拖网类、地拉网类、定置类、联合渔法和电捕法等 11 大类。

（一）刺网类渔具

刺网又称为丝网、挂网，是由若干长方形网片连接成的一列长带形的网具，由网衣、纲索和沉子、浮子构成，是国内外科研类捕捞和商业捕捞上最常用的渔具之一（图 2-1）。刺网捕捞原理是将若干网片连在一起放置在水中，鱼类在日常活动、洄游活动等过程中及受到驱赶时刺入网目或缠络于网衣内而被捕获（彩图 18）。

刺网有以下特点：①结构简单，操作方便，对渔业动力和捕鱼机械设备的要求不高。②作业水域环境多样、捕捞对象品种多，适于在湖泊、水库、河流和池塘开展捕捞活动，能捕捞上层、中层和下层鱼类和虾蟹类。③网具成本低、投资成本小，可以结合其他捕捞工具协同捕捞。④刺网也具有其自身的缺点，摘除刺入或缠绕在网衣内渔获物耗费时间，特别是渔获物被多层网衣缠络时，摘除更加困难。

刺网又可以分为单层刺网和多层刺网等类型。单层刺网是用同规格网线、同尺寸网目编制而成的单层网片，具有结构简单、操作方便、

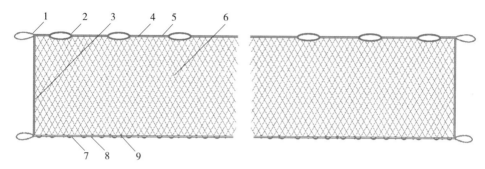

图 2-1　单层刺网结构

1. 环眼（网头绳）　2. 浮子　3. 侧纲　4. 浮子纲　5. 上纲
6. 网衣　7. 沉子　8. 沉子纲　9. 下纲

鱼类摘除时间短、鱼体损伤轻等优点。

　　三层刺网由三层网衣构成，包括两片网目相同的大网目网衣和一片小网目网衣，其中小网目网衣装配在两片大网目网衣中间（图 2-2）。大网目网片的网目大小约为小网目网片的 5 倍，网衣面积比小网目网衣大 1.5 倍。相较单层刺网而言，三层刺网可以利用鱼类上网时的自身冲力，使小网目网衣在两片大网目网衣之中形成小囊袋，把鱼缠络在囊网中而被捕获。因此，三层刺网不仅可以缠绕计划起捕规格的渔获物，而且还可以缠络比起捕规格大得多的鱼类。

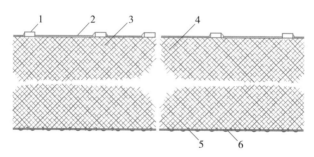

图 2-2　三层刺网示意

1. 浮子　2. 上纲和浮子纲　3. 小网目内网衣　4. 大网目外网衣
5. 下纲和沉子纲　6. 沉子

（二）围网类渔具

　　围网是适用于捕捞集群性鱼类的过滤性网具，规模大、产量高，多用于湖泊、水库等大型水域中捕捞作业。捕鱼原理为：根据经验或科学仪器探测到鱼群后，两艘渔船作圆形或弧形行驶的同时放出长带形网具包围鱼群，然后逐步缩小包围圈，迫使鱼群集中到囊网内或取鱼部而被捕获。围网具有捕捞效率高、生产规模大、产量高、机动灵活、机械化程度高等特点。

根据围网结构进行划分，可以将其分为有囊围网和无囊围网。有囊围网具有一囊两翼的结构，左右对称的两个网翼各长 40～200 米，网囊较短为网翼长度的 1/4～1/3。捕捞作业时，浮子漂浮于水面，沉子下沉到水底或近水底，具有围、拖、拉三种作用，多在海洋中使用。

无囊围网由取鱼部和网翼构成，呈长带形，一般中间高、两端低，取鱼部在网具中央（两翼围网）或一侧（单翼围网）（图 2-3）。根据下纲有无底环，无囊围网又可分为有环围网和无环围网。内陆水域捕捞多采用无囊围网作业，在此仅对无囊围网的结构进行简要描述。有环围网的主要结构包括网衣部分、纲索及收绞部分和属具部分（图 2-4）。无环围网结构与有环围网类似，只是下纲无可供收绞的缔括装置。

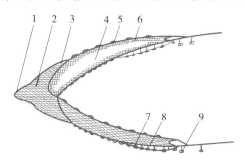

图 2-3　无囊围网

1. 囊网　2. 网身　3. 三角网　4. 翼网　5. 浮子　6. 上纲
7. 沉子　8. 下纲　9. 沉石

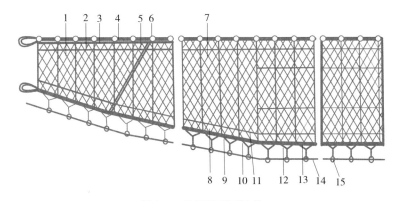

图 2-4　有环无囊网结构

1. 网翼部　2. 上缘网　3. 上主纲　4. 浮子纲　5. 上缘纲　6. 浮子　7. 取鱼部　8. 下缘网
9. 下主纲　10. 沉子纲　11. 下缘纲　12. 沉子　13. 底环纲　14. 括纲　15. 底环

（三）拖网类网具

拖网是一种主动性和过滤性主动渔具，借助机械、风力等推动的渔船拖曳具有一囊两翼或袋形网具在水中或水底前行，迫使网口作用范围内的水产动物进入网内而加以捕获。拖网作业具有以下几个生产特点：①捕捞对象广泛，内陆水域各种鱼类以及虾蟹类均为拖网的捕获对象，主要包括青鱼、草鱼、鲢、鳙、鲤、鲫、鳊、刀鲚、银鱼、虾类、蟹类。②拖网生产主动灵活，可积极追捕鱼群，作业范围广，捕捞效率高，产量高、产值大。③要求渔场较为宽广，具有 1.8 千米以上的直线距离，底拖网作业还要求无水草或水草生物量极低，底质以硬底或泥沙底为宜且平坦，浮拖网一般不受底质、底形限制。渔场水深对浮拖网无影响，但在一定程度上会影响底拖网作业，一般湖泊以水深 5 米左右为宜，水库以水深 20 米为限。

拖网的种类很多，按作业渔船数量分，有单船拖网、双船拖网和多船拖网等；按网具结构分，有无翼拖网和有翼拖网；按作业水层分，有浮拖网、中层拖网和底拖网。内陆水域中主要使用单船单囊拖网、双船单囊拖网、单船有翼单囊拖网和双船有翼单囊拖网 4 种。

下面以有翼单囊拖网为例，说明拖网的结构。有翼单囊拖网由网衣和纲索以及其他部件结构构成（图 2-5）。网衣包括网盖、网翼、网身和网囊。纲索以及其他部件结构包括浮子纲、沉子纲，网口四周的网目务必牢靠，网口与网翼钢丝绳之间用卸克连接。网翼前端结构中叉纲与曳纲用卸克连接，曳纲之间用转环连接。网囊束纲起着将集中于网囊中的水产动物吊到船内，然后解开囊底束纲，可以从中取出渔获物；囊底束纲的作用是增加网囊末端的强度，防止网破鱼逃。力纲可以增加网具强度。

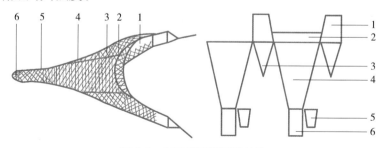

图 2-5　有翼单囊拖网的结构
1. 网翼　2. 网盖　3. 三角网　4. 网身　5. 网舌　6. 网囊

（四）地拉网渔具

地拉网又称大拉网、地曳网，是我国江河、湖泊、池塘常见的有效捕捞和轮捕轮放渔具，使用地区宽广，捕捞对象广泛，在我国北方地区冰下捕捞更为常用。

按网具结构形式和捕捞对象的不同，地拉网的捕鱼原理可以分为两种，一种是利用有囊或无囊的长带形网具包围一定水域后，在岸边、船上或冰上曳行并拔收网纲和网具，逐渐缩小包围圈，迫使鱼类进入网囊或取鱼部达到捕捞之目的；另一种是使用带有狭长或宽阔的网盖，网后方结附小囊或长形网兜的网具，通过在岸边拔收曳纲、拖曳网具，将其经过水域的水产动物拖捕到网内，而后拖至岸边起网收鱼。

地拉网有以下生产特点：①作为一种主动性网具，兼具围网和拖网的作用，捕捞对象多样，捕捞效率高。②网具面积大，包围面积大，要求作业水域水面宽广，底部平坦、无障碍物。③作业劳动强度大，参加作业人数较多，对作业人员要求较高，需要操作熟练、分工明确、协调配合。④可以与其他渔具配合使用，使鱼群集中，提高捕捞效率。

按结构特点分，有单囊型、多囊型、无囊型、桁杆型、有翼单囊型和有翼多囊型。按作业方式分，有船布式、冰布式和抛撒式。在内陆水域捕捞作业中，主要使用无囊型和有翼单囊型地拉网。无囊型地拉网无网囊，整个网具呈长带形，或仅在长带形的两个网翼之间有一个取鱼部，通常左右对称（图 2-6）。在长带形的两个网翼中央设置一个网囊，即为有翼单囊型地拉网，一般长 300～800 米，最长可达 5 000 米（图 2-7）。

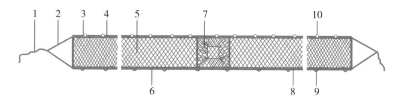

图 2-6　无囊型地拉网结构

1. 曳纲　2. 叉纲　3. 上纲　4. 上缘纲　5. 网翼　6. 下缘纲
7. 取鱼部　8. 下纲　9. 沉子　10. 浮子

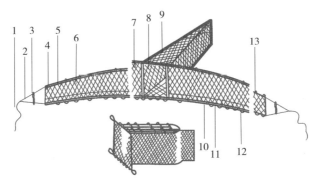

图 2-7　有翼单囊型地拉网结构

1. 曳纲　2. 叉纲　3. 撑杆　4. 上纲　5. 上缘纲　6. 网翼　7. 网囊网翼
8. 网囊网口　9. 网囊网身　10. 下缘纲　11. 下纲　12. 沉子　13. 浮子

(五) 张网类渔具

张网类渔具是一种被动过滤性渔具，属于定置渔具的一种，曾是我国分布最广、种类最多、数量最大的传统捕捞工具。张网类渔具的捕捞原理为：根据捕捞对象的生活习性，将网具敷设在湖泊、水库或江河具有一定流速的区域，借助水流的冲击，迫使鱼类进入网中达到捕捞的目的。

张网类渔具按网具的结构划分，有张纲型张网（图 2-8）、框架型张网（图 2-9）、桁杆型张网（图 2-10）、竖杆型张网（图 2-11）、单片型张网（图 2-12）和有翼单囊型张网（图 2-13）6 种。按作业方式划分，有单桩式张网、双桩式张网、多桩式张网、单锚式张网、双锚式张网、多锚式张网、船张式张网、樯张式张网（图 2-14）、并列式张网 9 种。

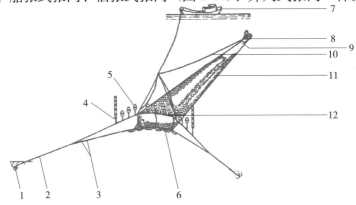

图 2-8　张纲型张网结构和作业示意

1. 锚　2. 引纲　3. 叉纲　4. 浮标杆　5. 浮子　6. 沉子　7. 作业船
8. 网囊　9. 舌网　10. 网囊引扬纲　11. 网身　12. 网口纲

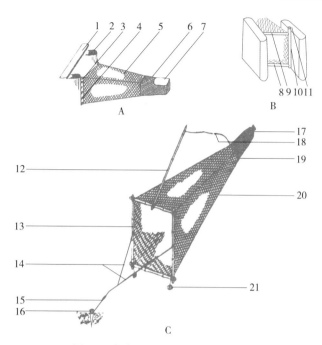

图 2-9　框架型张网结构和作业示意

A. 闸墩钩环框架型张网示意　B. 闸口框架型张网示意　C. 杆制框架型张网示意

1. 闸板　2. 闸墩　3. U形环　4. 小钩　5. 网身　6. 网囊　7. 取鱼口　8. 下横梁　9. 上横梁　10. 门桩　11. 插门桩槽　12. 网囊杆　13. 框架　14. 框架纲　15. 引纲　16. 固定桩　17. 网囊　18. 网囊引扬纲　19. 舌网　20. 网身　21. 沉子

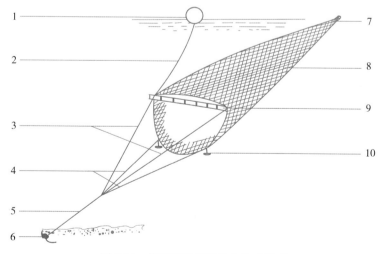

图 2-10　桁杆型张网结构和作业示意

1. 浮标　2. 浮标绳　3. 上叉纲　4. 下叉纲　5. 引纲　6. 锚　7. 网囊　8. 网身　9. 桁杆　10. 沉子

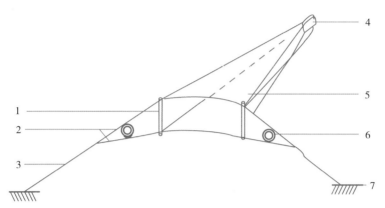

图 2-11　竖杆型张网结构和作业示意
1. 撑杆　2. 叉纲　3. 引纲　4. 网囊　5. 网身　6. 坛子　7. 桩

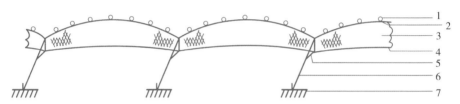

图 2-12　单片型张网结构和作业示意
1. 浮子　2. 浮子纲　3. 网身　4. 沉子纲　5. 叉纲　6. 引纲　7. 桩

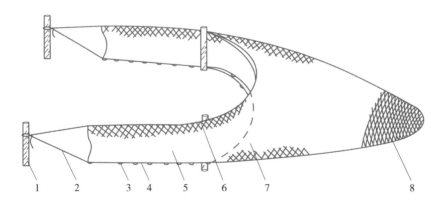

图 2-13　有翼单囊型张网结构和作业示意
1. 桩　2. 叉纲　3. 沉子　4. 沉子纲　5. 网翼　6. 浮子纲　7. 网身　8. 网囊

淡水捕捞中，常用的张网为框架型张网（图 2-15）和有翼单囊型张网（图 2-16）。

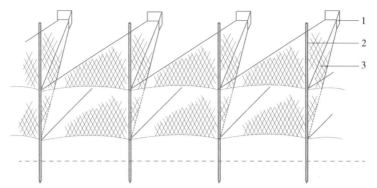

图 2-14 墙张网结构和作业示意
1. 网囊 2. 杆 3. 网身

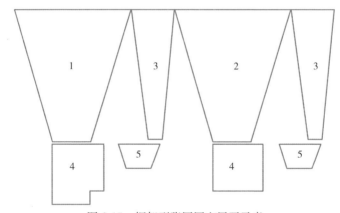

图 2-15 框架型张网网衣展开示意
1. 网背 2. 网腹 3. 网侧 4. 网囊 5. 舌网

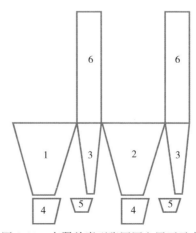

图 2-16 有翼单囊型张网网衣展开示意
1. 网背 2. 网腹 3. 网侧 4. 网囊 5. 舌网 6. 网翼

（六）笼壶类渔具

笼壶类渔具的捕捞原理为：根据捕捞对象特有的栖息、摄食或生殖等生活习性，设置带有洞穴状物体或内装饵料和防逃倒须的笼具，引诱捕捞对象入内而捕获的捕捞工具（图2-17）。在内陆水域，主要用来捕捞虾虎鱼、黄鳝、虾、蟹等水产品（图2-18～图2-20和彩图19）。生产特点包括：①渔具结构简单，材料易得，制作容易，操作也不难，诱鱼、集鱼和捕鱼方法科学，且投资成本低。②一般为小型渔具，生产规模中等，作业人员不多，甚至在无船条件下1人即可开展捕捞活动。③笼壶类渔具一般要求作业水域比较浅，放置于底部，引诱入内而捕获。④捕捞过程中对捕捞对象无损伤，产品新鲜，产量不大，但产值可很大。

按结构划分，有倒须笼壶和洞穴笼壶2种，倒须笼壶装有倒须，以此防逃；未装倒须的为洞穴笼壶。按作业方式分，有漂流延绳、定置延绳和散布3种，漂流和定置延绳式采用干线、支线来连接笼壶，散布式作业是指将笼壶逐个分散放置于水域中。

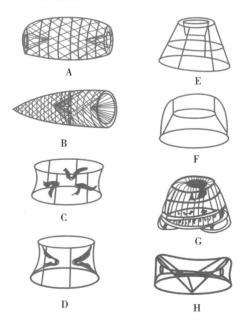

图 2-17　不同形状的笼壶

A、B. 腰鼓形　C、D. 圆柱圆锥台形　E. 笼顶单口形

F、G. 笼罩形　H. 折叠形

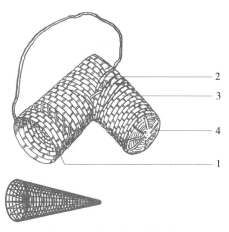

图 2-18　山东微山湖虾笼
1. 大筒　2. 小筒　3. 笼帽　4. 笼盖

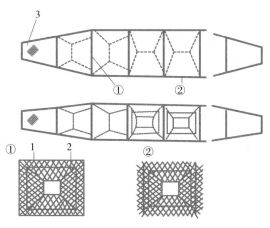

图 2-19　浙江富春江地笼
1. 铁丝框架　2. 倒须网　3. 取鱼部

图 2-20　地笼作业示意

第三章

大水面冷水鱼增殖渔业模式

在我国西部、东北等纬度较高的地区，气温较低，导致与江南地区的湖泊水库相比，水温较低，其湖泊、水库等大水面适合开展本地区自然水域的池沼公鱼、裂腹鱼类等的增殖和放流，既可以保护土著鱼类资源，维护鱼类生态多样性，又可以生产符合市场需求的绿色优质水产品。同时，我国高纬度地区地域辽阔，纵跨多个纬度带，各类地形兼备、江河湖泊众多、气候环境多样、珍稀动植物种类繁多、自然景观多姿多彩。结合大水面增殖渔业，发展休闲渔业，促进渔旅融合，可以将高纬度地区自然资源优势转化为发展优势，有力促进高纬度地区旅游业发展和乡村振兴。

第一节 增殖品种遴选

一、池沼公鱼

池沼公鱼（*Hypomesus olidus*）属鲑形目，胡瓜鱼科，公鱼属（彩图 20）。池沼公鱼分布于黑龙江、图们江下游以及鸭绿江中下游，平时栖息于水温低、水质清新的江口咸淡水区或者是大江的下游水域中，喜在岸边游动，当水温升高时便游向支流，4—5 月当水温达 7~10℃时，由江口上溯至江的下游段，寻找砂砾底质的场所产卵，卵黏附于砂砾上，幼鱼随流而下，进入湖泊、河流中生活。池沼公鱼有一种清香黄瓜味，故产地居民称之为"黄瓜鱼"，为一年生鱼类，少部分活到第二年乃至第三年，在 28℃ 以下水域可正常生活，最适宜的温度为 10~22℃，但水体温度不超过 30℃，可适应盐度 16 以下的咸淡水，对水质污染比较敏感，对酸碱度忍耐度较低，酸碱度耐受范围 pH 7.0~9.6，摄食枝角类、桡足类、底栖昆虫等。20 世纪 80、90 年代，池沼公鱼移植到全国各地大型水域，在西北的刘家峡水库、龙羊峡水库、博斯腾湖获得成功，形成了主要的捕捞产量。其中，刘家峡水库通过采用灯光诱捕法，年产量约 500 吨，但也对当地土著鱼类资源造成了破坏，例如刘家峡水库的鳌、博斯腾湖的河鲈几乎灭绝。因此，在增殖放流鱼类品种的选择上一定要慎重。

二、裂腹鱼类

（一）极边扁咽齿鱼

极边扁咽齿鱼（*Platypharodon extremus*）属鲤形目、鲤科、裂腹鱼亚科、扁咽齿鱼属，为冷水性鱼类，是黄河上游海拔 3 000 米以上宽谷河段的特有鱼种，主要分布在星宿海、扎陵湖、鄂陵湖（彩图 21）。以前是黄河上游鱼类中的绝对优势种群，近年来生态环境恶化，加之人为过度捕捞，种群数量逐渐减少，现已被列入《中国濒危动物红皮书》和《中国物种红色名录》濒危物种。栖息环境为水底多砾石、水质清澈的缓流或静水水体，常喜在草甸下穴居。其食性单一，以下颌刮食水底附着藻类等。生殖期在 5—6 月开冻之后，产卵场在水深 1 米以内的缓流处。常见成熟个体重为 1.5～2.0 千克。极边扁咽齿鱼为我国特有种，分布区狭窄，仅分布于黄河上游高原的宽谷河流。扁咽齿鱼属高寒地带生活的种类，生长期短、生长速度缓慢、性成熟年龄迟等因素限制了该物种种群数量的发展。自 20 世纪 50 年代后，产区人口激增，高强度捕捞导致资源量迅速下降。目前，分布区已逐渐缩小到人烟稀少的高原草甸深处。

（二）花斑裸鲤

花斑裸鲤（*Gymnocypris eckloni* Herzenstein）属鲤形目、鲤科、裂腹鱼亚科、裸鲤属，为冷水性鱼类，分布于黄河上游和柴达木盆地的奈齐河水系，四川、甘肃、青海与黄河邻近水系有分布，生活在高原宽谷河道之中（彩图 22），属杂食性鱼类，食性范围广，栖息于水的中层。花斑裸鲤个体较大，为黄河上游重要经济鱼类，体重最大 2～3 千克，甚至可达到 5～6 千克，生长缓慢，其肉质多脂，味道鲜嫩，富有营养。

（三）黄河裸裂尻鱼

黄河裸裂尻鱼（*Schizopygopsis pylzovi* Kessler）属鲤形目、鲤科、裂腹鱼亚科、裸裂尻鱼属，为冷水性鱼类，为黄河上游重要经济

鱼类（彩图 23），栖息于高原地区的黄河上游干支流和湖泊及柴达木水系，越冬时潜伏于河岸洞穴或岩石缝隙之中，喜清澈冷水，分布海拔常在 2 000～4 500 米，以摄食植物性食物为主，常以下颌发达的角质边缘在沙砾表面或泥底刮取着生藻类和水底植物碎屑，兼食部分水生维管束植物叶片和水生昆虫。

（四）齐口裂腹鱼

齐口裂腹鱼（*Schizothorax prenanti*）属鲤形目、鲤科、裂腹鱼亚科、裂腹鱼属（彩图 24）。齐口裂腹鱼为底层鱼类，要求水温较低的环境，喜欢生活于急缓流交界处，有短距离的生殖洄游现象。雌性需 4 龄达性成熟，雄性一般在 3 龄达性成熟，产卵季节在 3—4 月。产卵后的亲鱼到秋季（9—10 月）则回到江河深水处或水下岩洞中越冬，分布于岷江、大渡河等水系，为长江上游的一种重要经济鱼类。个体大，一般为 0.5～1.0 千克，最大可达 5 千克。由于肉质肥美，富含脂肪，最为产区居民所喜食，尤以"雅安砂锅鱼头"菜品闻名四方。齐口裂腹鱼平时多生活于缓流中，摄食季节在底质为沙和砾石、水流湍急的环境中活动，秋后向下游动，在河流的深坑或水下岩洞中越冬。生殖季节一般在 8—9 月，产卵于水流较急的砾石河床中。齐口裂腹鱼以动物性食料为主食，其口能自由伸缩，在砾石下摄食；食物中 90% 以上是水生昆虫和昆虫幼体，也摄食小型鱼类、小虾及极少量的着生藻类。

三、白鲑属鱼类

白鲑类属鲑科、白鲑亚科、白鲑属，系冷水性鱼类，是欧洲、北美洲、亚洲北部重要的经济鱼类，分布纬度较高，但对环境的适应能力较强，尤其对温度的适应性是鲑科鱼类中范围最广的。产卵水温 5℃以下，3～8 年性成熟，怀卵量 2 万～5 万粒。白鲑类大多以浮游动物或底栖动物为食，由于性情比较温和，对其他鱼类的影响较小，适宜大水面增养殖。但应特别注意，下述白鲑属鱼类为境外引进的品种，应严格控制在人工可控的水体中增养殖，加强管理，防止逃逸。

（一）高白鲑

高白鲑（*Coregonus peled*）主要生活在河流和湖泊中，身体修长稍侧扁，头后背部呈弧形黑色隆起，口端位，具脂鳍，侧线完全（彩图 25）。水温 3℃ 以下才能性成熟并产卵繁殖，产卵季节在 12 月上旬至翌年 1 月上旬。生长适温 12～16℃、pH 为 6～9、盐度 6 以下。发眼卵每克卵数一般为 180～200 粒。1985 年开始，我国黑龙江、新疆、内蒙古、青海等省份相继引种移植成功，并成功开展人工繁殖。2006 年高白鲑通过了国家水产原良种审定，被推荐为适宜大水面移植的优良冷水鱼品种。青海省先后在 20 个水库移植成功，其中 8 个水库形成产量，1^+ 龄鱼平均体重 400 克、2^+ 龄鱼 840 克、3^+ 龄鱼 1 500 克，其生长速度不仅快于原产地，而且明显快于当地的土著鱼类。该种类网箱养殖生长效果不佳。

（二）目笋白鲑

目笋白鲑（*Coregonus muksum*）是俄罗斯经济价值较高的白鲑类和重要养殖品种（彩图 26）。体银灰色，口下位，上颌明显凸出于下颌，具脂鳍。偏杂食性，但食谱不如齐尔白鲑宽广，在驯养条件下可以摄食颗粒饲料。属于中下层半溯河性白鲑，可栖息在盐度为 6～10 的河口水域。一般寿命 15～17 年，7～8 龄开始捕捞。最大个体体长可达 90 厘米，体重可达 13.8 千克。在俄罗斯 5～7 龄达到性成熟，亲鱼个体 1.4～4 千克，绝对怀卵量 3 万～9.5 万粒。开始破膜的孵化积温 250 度左右，发眼卵克卵数在 110 粒左右，初孵仔鱼 10～12 毫米。2003 年开始，我国青海省、新疆维吾尔自治区首次从俄罗斯引种繁育，并首次在青海省南门峡水库移植成功。2009 年再次引进繁育后投放到青海省盘道水库，经过 13 个月自然生长，平均体长 24 厘米、平均体重 350 克。同时在龙羊峡和李家峡水库开展网箱养殖试验取得成功，1^+ 龄鱼平均体重为 361 克、2^+ 龄 664 克、3^+ 龄 1 560 克、4^+ 龄为 2 028 克。

（三）齐尔白鲑

齐尔白鲑（*Coregonus nasus*）是俄罗斯重要的具有商业价值的大型养殖鱼类（彩图 27）。口下位，吻突出呈弯凸，上颌骨宽短，明显凸出于下颌，又称为宽鼻白鲑。属杂食性，通常以摇蚊幼虫、小型软体动物、底栖甲壳类和无脊椎动物为食，在驯养条件下，可以摄食颗粒饲料。一般个体 5～6 千克，最大可达 16 千克，最长寿命 15 龄。在湖泊中的生长速度快于其他白鲑类，可在水温不超过 10～11℃的水体里很好地生长，故被称之为"极地鲤"，通常在河流冰下砂卵石底产卵。发眼卵平均卵径为 3.3 毫米，平均克卵数为 63 粒左右。目前在东欧被广泛养殖，可以加工成鱼干、烟熏鱼或者鲜鱼出售。2003 年我国新疆、四川、河北等地先后开展引种繁育和养殖试验。2009 年青海省从俄罗斯引种繁育后投放到黑泉、盘道和云谷川水库进行大水面移植试验取得成功,经 16～17 个月的自然生长,体重达到 405～533.5 克;2011 年开始在青海省网箱养殖场进行养殖试验并取得成功,当年鱼平均体重 45 克,1^+ 龄鱼平均体重 469 克、2^+ 龄 1 100 克。通过网箱养殖对比试验,齐尔白鲑表现出较快的生长速度,被确定为青海省网箱养殖主推白鲑品种。

(四) 凹目白鲑

凹目白鲑 (*Coregonus autumnalis*) 是俄罗斯贝加尔湖的主要经济鱼类 (彩图 28)。体宽厚呈银白色,口端位,背鳍较高呈镰刀状,具脂鳍,尾鳍深叉,属肉食性鱼类,主要摄食浮游动物、小型鱼类、底栖动物、甲壳类、水生昆虫等。该鱼可以在盐度为 20～22 的半咸水中生活,6～8 龄达到性成熟,为迁栖性溯河产卵鱼类,首次成熟亲鱼重量 0.5～0.9 千克,怀卵量 1.5 万～3.2 万粒。发眼卵平均卵径为 2.7 毫米,平均克卵数为 82.5 粒左右。从 1998 年开始,我国新疆维吾尔自治区从俄罗斯引进繁育后投放到赛里木湖并形成一定产量,性成熟时间在 10 月下旬到 11 月下旬,最小性成熟年龄雄性为 3^+ 龄、雌性为 4^+ 龄,2003 年人工繁殖成功。在新疆赛里木湖 2^+ 龄鱼平均体重 162 克、3^+ 龄鱼 226 克、4^+ 龄鱼 907 克,最大重量 (雌性) 可达 3 900 克。凹目白鲑前 3 年生长速度相对较慢,之后生长迅速。目前是新疆赛里木湖的主要增殖品种。

(五) 欧白鲑

欧白鲑 (*Coregonus albula*) 是芬兰的主要经济鱼类和养殖品种,深受北欧美食家的青睐 (彩图 29)。体呈锥形,吻部短,有一个突出的下颌,下颌长度大于最小的体高,是其区别于高白鲑的一个重要特征。生长水温 6～24℃。一般个体平均体重 2 千克,最大达 10 千克。欧白鲑主要摄食浮游动物、底栖无脊椎动物,大鱼以水生昆虫和鱼苗为食,在人工养殖时可以摄食鲑鳟颗粒饲料;在湖泊群居,9—11 月溯河到浅水区靠岸砂砾中产卵,发眼卵平均克卵数为 63.3 粒。在芬兰,一般 2～50 克后放入盐度为 6～8 的海水网箱中养殖 18～28 个月 (1～2 个夏天),即可达到 600～1 000 克 (去内脏重量) 的上市规格。2012 年青海省首次从芬兰引种繁育后进行网箱养殖试验取得成功,1^+ 龄平均体重 65 克、2^+ 龄平均体重 165 克、3^+ 龄平均体重 578 克、4^+ 龄平均体重 940 克。在水库网箱中水温 5℃ 左右可以达到性成熟。在网箱养殖过程中，欧白鲑生长速度比齐尔白鲑慢，但商品鱼规格比齐尔白鲑整齐、成活率高，可能与欧白鲑的前期选育有关。

第二节　增殖放流与捕捞技术

一、苗种繁育技术

（一）池沼公鱼

池沼公鱼成鱼个体长约 10 厘米，繁殖力强，一年即可达到性成熟。池沼公鱼每年在解冰后即产卵，产卵于水库沿岸有水草或有沙砾的地方。卵直径 0.8～1.0 毫米，有油球，卵有附着膜，翻转时附于物体上。

（1）亲鱼捕捞　当亲鱼上溯产卵时，可用横河拦网拦截，也可使用张网、拦网捕捞；水下捕捞时，可用刺网捕捞。

（2）亲鱼暂养　捕到亲鱼，先暂养于网箱之中。网箱规格为 120 厘米（长）×80 厘米（宽）×80 厘米（深），网目大小为 0.8～1 厘米，以竹竿作为架子，将网箱撑开成型，漂浮于水面，并用锚石将网箱加以固定。当亲鱼放入网箱后，要加上盖网。

（3）人工采卵、授精　采用干法授精，一般雌雄比例为 1∶3，将卵、精液采到预先备好经过消毒的器皿中，然后用羽毛搅拌均匀，3～5 分钟之后，加入生理盐水或清水进行充分搅拌，最后用清水冲洗，把杂物、多余的精液等冲洗干净，而后把受精卵集中于大盆内准备附框。人工采卵、授精要注意：暂养的亲鱼随用随捞，并在短时间内处理完；要选择性成熟好的亲鱼采卵，成熟的鱼卵呈黄色，晶莹发亮，过熟或不成熟的鱼卵，均不能使用；采卵必须在避光条件下进行。一般人工采卵占鱼体怀卵量的 65%～85%，受精率 70% 以上。

（4）孵化　用棕榈片展开直接采卵。将冲洗干净带水的受精卵用勺泼浇在附卵框的棕榈片斜面，使卵附在其上，然后把附着卵的棕榈片 10～20 片捆成一捆放在孵化箱中孵化。孵化箱是用网目为 0.8 厘米的网片制成，长、宽、高分别为 200 厘米×80 厘米×45 厘米，也可用鱼种网箱代替。在孵化过程中要加强管理。网箱设置地点要选择在水质清新的地方，网箱间距离在 10 米以上；附卵框在网箱中的排列一定要侧立于水中，避免附卵面朝上；箱口要封严，防止敌害生物进箱或水鸟、鸭等啄食鱼卵；定期检查网箱情况，加强日常管理，做好值班记录。

（5）受精卵运输　采用汽车干运，最好用保温车，如用敞车，则在车厢底上铺上一层湿的稻草或棕榈片，把附卵框码在上面，再盖上一层经浸泡过的棕榈片或袋，并在其上加上一层冰块，最后用帆布加盖封车运输，气温在 5～19℃。在运输过程中，每间隔 6～8 小时要淋水一次，这样经 3～4 昼夜运输，成活率可达 100%；如使用火车、飞机运输，则将附卵框装在尼龙袋内，再套入纸箱中，在潮湿情况下进行运输，并间隔淋水，经过 2～3 天运输，也可获得较高的成活率。一般每袋 1 千克，按 90% 受精率计算，大约存活受精卵 120 万粒。如把附卵片装在尼龙袋内密封充氧干运，也可获得较为理想的效果；此外，还可采用受精卵无水低温储运法，即将受精卵加水清洗，待卵膜吸水膨胀后，将卵滤干装入尼龙袋，把袋口扎紧，放在保温瓶或塑料箱内，在卵袋上垫纸，在纸上放冰块，加水量为容器容积的 5%～6%，并使容器内温度严格保持在 1～3℃。如果气温高，途中还需适量加水。当运到目的地后，要将鱼卵温度调节至与当地水温接近时，方可将鱼卵倒出，加水搅拌，附在附卵片上入箱孵化。经 2～3 昼夜运输，成活率可达 80% 以上，孵化率可达 70% 以上。

（6）仔鱼放流增殖　受精卵在孵化箱中孵化，在平均水温 12℃情况下，从发眼卵至孵化出仔鱼需 7～10 天。当仔鱼孵出了 3～4 天，打开孵化箱，将孵化片在水中轻轻摇动，使附着的仔鱼全部漂游入水。影响孵化率的原因是搬运、风浪冲击损伤及敌害生物吞吃鱼卵等。初次移植，一般平均每公顷水面至少需要发眼卵 3 万粒，经当年秋季检查，如发现有公鱼，则第二、三年可大量引入，经二、三年引种及其自然繁殖增殖，便可形成群体产量。当池沼公鱼在水体形成经济种群后，要注意资源的合理利用与繁殖保护。池沼公鱼性成熟早，繁殖力强，集群生活，群体结构简单，这些特性决定了它是群体消长变化快的鱼类。同时公鱼生命周期短，群体的主要部分为一龄鱼，由于产卵后大部分个体死亡，如不捕捞利用，则会造成资源浪费。在有效的资源增殖的基础上，合理充分地捕捞利用才能获得渔业经济效果。池沼公鱼群体在达到一定密度后，像浮游生物一样遍布水层，这时只有渔

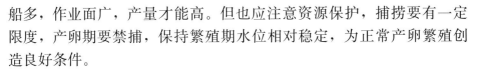

船多，作业面广，产量才能高。但也应注意资源保护，捕捞要有一定限度，产卵期要禁捕，保持繁殖期水位相对稳定，为正常产卵繁殖创造良好条件。

（二）裂腹鱼类繁育

1. 极边扁咽齿鱼、花斑裸鲤、黄河裸裂尻鱼

黄河上游极边扁咽齿鱼、花斑裸鲤、黄河裸裂尻鱼人工繁殖基本相同，以极边扁咽齿鱼为例。选择成熟的亲本，从中挑选个体强健、鳍条或体表"追星"明显、体表完整无伤、生长良好、规格在1千克以上的个体。将雌雄鱼分别单独饲养在流水池塘中，水位保持在0.8米，水流速度控制在0.1米^3/秒，溶氧保持在6毫克/升以上，全年水温保持在4～16℃。培育过程中投喂冷水鱼专用配合饲料。

（1）人工催产　4月至5月下旬，从培育的亲鱼中挑选腹部膨大柔软，腹腔后部两侧近肛门处微隆起，生殖孔发红的雌鱼；吻部和臀鳍、尾鳍布满"追星"，手摸有明显的粗糙感，轻压腹部有白色精液流出的雄鱼。雌雄亲鱼按1∶2比例搭配。催产激素采用马来酸地欧酮（DOM）和促黄体素释放激素A$_2$（LHRH-A$_2$）。剂量按雌鱼每千克体重3毫克DOM+8微克LHRH-A$_2$，雄鱼剂量减半，用0.9%的生理盐水稀释混合后腹腔注射，注射24小时后采用干法授精。首先用毛巾擦干鱼体表的水分，把精子与卵子同时挤入擦干的塑料盆中，并不断用刷子搅拌，使精卵充分混合均匀后，加入少量清水再轻轻搅拌，约1分钟后再加入清水进行缓慢搅拌，洗尽精液和杂质，完成人工授精过程。

（2）受精卵孵化　极边扁咽齿鱼受精卵具有微黏性，需要脱黏孵化，向受精卵中加入适量滑石粉搅拌30秒脱黏，再用清水漂洗干净后放入平列槽中进行孵化。孵化框采用40目筛绢做成（长40厘米、宽40厘米、高20厘米），每个孵化框中放10万粒受精卵。水流速度控制在2升/分钟，确保卵子不移动。孵化期间遮光处理，每隔2天用聚维酮碘消毒，防止发生水霉病。孵化过程中定期观察胚胎发育状况，并记录受精卵数量、受精率、出膜时间、孵化率和出苗率等。

（3）鱼苗培育　鱼苗出膜10天后，卵黄囊基本吸收完毕，能平稳而快速游动，此时可放入池塘内进行培育。采用肥水发塘方法进行培育，黄豆浸泡磨浆后全池均匀泼洒，经肥水后，浮游植物会很快繁殖起来，3天后，透明度可达30～40厘米，在放养鱼苗前，池塘中浮游动物的数量特别是轮虫和桡足类无节幼体的总密度最好超过200个/升。放养密度为150万尾/公顷，鱼苗经1月的培育后可达3厘米以上，此时可投喂人工配合饲料。

2. 齐口裂腹鱼

（1）建造仿生态亲鱼培育池　选择水源方便的地方，建造长方形亲鱼培育池，长10米、宽5米、深2米，培育池长轴两端分别为入水端和出水端，池底从入水端到出水端，逐渐向下略微倾斜，落差约0.3米。在出水端的池底，利用石材搭建一排排平行于培育池长轴的洞穴（用石材修建一道道水槽，水槽平行于培育池长轴，上方覆盖石板，形成人工水下洞穴），每个洞穴长3米、宽0.5米、高0.4米，洞穴底部铺鹅卵石，培育池水面上方覆盖遮阳板，营造齐口裂腹鱼的天然栖息环境。

（2）亲鱼流水放养　选择3～5龄健康齐口裂腹鱼作为亲鱼，置于亲鱼培育池中流水放养，水深1.5米，溶氧量为8～10毫克/升、pH为6.8～6.9。从9月初开始，投喂高蛋白（约40%）人工配合饲料，补充复合维生素、微量元素添加剂。

（3）亲鱼人工催产　在3月中旬开始，水温9～13℃，通过仿生态培育的亲鱼性腺发育良好。对性腺成熟度好的亲鱼进行催产，采用注射催产方式，在亲鱼胸鳍根部处注射催产液，催产液由绒毛膜促性腺激素（HCG）、LHRH-A$_2$、多巴胺颉颃物（DOM）配制而成，雄性亲鱼注射剂量减半，注射后雌雄亲鱼分开，流水放养。

（4）人工授精与人工孵化　当亲鱼开始产卵时，立即采卵、采精，避免遇水，将精液加入采集的卵子中，用羽毛搅拌30秒，静置5分钟，加入适量的清水，洗去多余的精液。然后加入多量清水静置30分钟，使受精卵充分吸水，转移到孵化网中，在孵化池进行人工孵化。孵化出膜后72小时左右，仔鱼开始平游，投喂200目筛绢过滤的熟蛋黄，辅以鲟开口粉料和生物饵料，每次投喂后半小时后清除池底残饵及排泄物。

（三）白鲑属鱼类

（1）亲鱼捕捞　白鲑亲鱼来源于移植放养的湖泊或水库，不同品种白鲑性成熟时间有差异（主要取决于水温），一般在冰封前用刺网、拉网或灯光围网捕捞亲鱼，选择成熟亲鱼进行采卵（彩图30）。

（2）亲鱼选择　亲鱼应选择体质健壮、无病、无伤、无畸形，体色鲜艳、鳍鳞完整的个体。性成熟的雌鱼后腹部膨大，有较明显的卵巢轮廓，轻压后腹部有卵粒流出，白鲑成熟的卵粒是透明的，并含有橙黄色的脂肪滴。一般雄亲鱼身体后半部分较雌鱼狭长，进入产卵期后，体侧鳞片用手触摸时有"瓦棱"状感觉，轻压后腹部有乳白色精液流出，遇水即散。

（3）人工授精　采卵时用干毛巾擦干鱼体腹部并包住鱼体，鱼头朝上，尾部斜向下对着白瓷盆挤卵，使卵粒顺盆边流入。采卵期间应避免阳光直射。采卵后按雌雄亲鱼1∶2或1∶3比例进行配比，将雄鱼精液迅速挤入已采好的鱼卵中，用干羽毛向同一方向轻柔搅匀，然后用清水反复漂洗受精卵，洗去受精卵中多余的精液，直至卵盆中水质清澈无杂质时，在卵盆中加满水，加盖静置120分钟，其间每隔30分钟轻轻搅拌、换水一次，使卵充分吸水膨胀。然后称取3克受精卵，数出全部卵粒数，计算出1克卵的卵粒数，并将所有受精卵称重后计算出受精卵总数量。

（4）人工孵化　白鲑受精卵或发眼卵采用维萨斯孵化瓶进行孵化，孵化量根据不同品种白鲑受精卵或发眼卵的克卵数不同而不同（高白鲑每瓶约50万粒）。要求鱼卵始终处于微微翻动状态，进水量根据孵化瓶溢水口溶解氧不低于6毫克/升的标准进行调整。车间光照强度为500～1 000勒克斯（无直射光），鱼卵应避光孵化。受精卵发育到原肠后期时统计受精率。在孵化过程中，及时吸出孵化瓶中漂浮的死卵，并用3～4毫克/升的亚甲基蓝溶液定期消毒，防治水霉病发生。每天定时测定水温、出水口溶解氧，计数死卵数量，并做好孵化记录。高白鲑受精卵孵化积温410度左右，鱼苗孵出后随水流进入集苗槽，初孵鱼苗全长8～9毫米，身体纤细，待1～2天上浮后即可进行计数，放入培育槽（排水口需设置80目筛绢做防逃网）进行流水培育。

（5）鱼苗流水培育　白鲑鱼苗通常用3米×0.7米×0.5米规格玻璃钢槽进行培育（彩图31）。培育期间，培育槽出水溶解氧不低于5毫克/升，可用自然光或日光灯照明，避免直射光。在培育前期用卤虫无节幼体作为开口饲料，后期（全长3厘米以后）可用鲑鳟微粒子配合饲料进行驯养。鱼苗放养密度为每立方水20万～30万尾（规格为全长1.0厘米），随着鱼苗个体增长，放养密度相应降低。高白鲑仔鱼生长

适温 10～15℃，稚鱼生长适温 15～20℃，一般水温在 5℃ 以上时，每隔 2 小时投喂一次，水温在 5℃ 以下时，每隔 3 小时投喂一次。日常管理中，每日 2～3 次吸去培育槽底部残渣、粪便及死鱼等杂物，每隔 2～3 小时刷洗防逃网一次，防止溢水逃苗。经常观察鱼苗摄食和活动情况，不定时进行镜检，做好鱼病防治和养殖日志记录。

（6）人工增养殖和运输　白鲢鱼苗在繁育车间培育至全长 1.5 厘米以上即可进行大水面增养殖（彩图 32）。可以用专用鱼苗袋充氧运输，鱼苗袋放置在加有冰袋的配套泡沫箱用胶带封口后汽车运输，运输时间在 12 小时以内，运输密度为每袋装鱼苗 1 万～2 万尾。当培育至 3.0 厘米以上，可以用人工饲料进行驯化养殖，可以用专用鱼苗袋充氧运输或活鱼运输箱运输，运输水温控制在 15℃ 以下。苗种运到目的地后经过调温后进行增殖或养殖。

二、苗种活体运输与暂养技术

（一）运输方式

鱼苗鱼种的运输是养鱼生产中不可缺少的环节，其目的是根据生产需要，把鱼苗鱼种从一个地方或水域运送到另一个地方或水域。运输的中心问题是千方百计提高运输成活率，安全到达目的地。因此，运输前要做好充分的准备。①做好周密的计划和安排：要根据运输任务，选择最适宜的运输工具和方法，安排运输时间、路线和措施，做好人员的分工，同时与交通运输部门配合好，不致脱节和出现疏漏。②运输工具的准备：事先要准备好一切必备工具，并经周密检查和试用。如有损坏应及时修补，并准备一定数量的备用工具。③了解沿途的水源和水质，预先调查运输途中的水源、水质情况，确定适宜的换水和暂养地点。④注意天气预报和气候变化：运输前要切实掌握天气形势，遇有暴风雨或大风降温等情况，要停止起运。⑤运输的苗种要事先经过拉网锻炼；运输的苗种应规格一致，体质健壮，无病，无伤，使鱼体具有适应运输要求的能力。⑥进行产地检疫，由当地动物检疫部门抽样检查，符合相关规定后方可运输。

使用尼龙袋充氧运输最为广泛，比较适合的运输规格为 3 厘米左右的夏花鱼种；大规格鱼种，要用特制的橡皮袋充氧运输。常用尼龙袋的规格为 70 厘米×40 厘米×40 厘米，一般盛水 25%～30%，充氧气

70％～75％，每袋可装运的密度依苗种大小、温度高低和运输时间的长短而定。水温 25℃，运程 20 小时，可装 1 厘米以下鱼苗 1 万～1.5 万尾，1.5 厘米的鱼苗 3 500～5 000 尾，3 厘米左右夏花 1 500～2 000 尾，成活率达 95％以上。运输时间最好不超过 24 小时，充氧后袋口用橡皮筋扎实。鱼运达目的地后，先把尼龙袋卸下来，置于阴凉处暂放 10～15 分钟，然后再放入养殖池水中，并不断人工泼水淋洒，10 分钟左右再打开充氧袋，并逐步灌入养殖池水，当包装用水与养殖池水温基本一致后，再把苗种投放到养殖池里。

活鱼车运输是目前通常采用的方便快捷高速高效的运输方式。其采用制冷机组来控制水温，液氧罐来提供足够的氧气保证鱼不缺氧，水循环过滤来保证水质不浑浊，保证长途运输不死鱼，厢体两边均配有几个自流口，方便苗种从自流口流出。鱼苗鱼种运输到达目的地后，必须进行缓鱼处理，关小氧气阀，将要投放鱼苗鱼种水域的水，缓缓加入活鱼箱，使两者水温基本一致，然后将鱼苗鱼种消毒后过数投放。

（二）抗应激措施

经过长时间的运输，受到外界因素的影响就会产生应激反应。如躁动不安、翻滚跳动、逃窜、无休止的游泳等，当刺激结束后就会进入到应激反应的第二个阶段：活动减少、游动缓慢、不吃食、虚弱、浮头等，严重的会造成死亡。在运输之前，首先提高自身的抗应激能力。可以在运输前几天在饵料中添加胆汁酸和杜仲叶提取物，增强肝脏中超氧化物歧化酶、过氧化氢酶、谷胱甘肽过氧化酶的活性，清除自由基增强机体抗应激能力，降低运输损伤，提高运输成活率。后期在驯化阶段鱼苗消化系统还在不断完善和发育过程中，添加胆汁酸有助于保护肠道，充分吸收饲料中的营养物质。抗应激药物是指具有缓解、防治应激综合征作用的药物，可分为应激预防剂、促适应剂或应激缓解剂。目前，常用的抗应激药物包括糖类、维生素类、氨基酸类、电解质矿物元素类、有机酸类、化学药物、中草药等。运输时，每立方米鱼罐车用姜 50～100 克，换一次水，建议按照以上剂量加一次"泼洒姜"，鱼会更安静，黏液少；投苗、分塘时防应激，提高适应性。

三、苗种放流技术

鱼类人工增殖放流是主动增殖水域鱼类资源的活动，是养护水生

生物资源、修护水域生态和促进渔业增效的有效手段。近年来，各地在不同水域都组织开展了大规模的增殖放流活动，大中型水电站也将人工增殖放流作为保护工程河段鱼类的一项重要措施。对放流鱼类进行标记，可跟踪其在野外环境的扩散和存活情况，以及与野外种群的遗传关系和生态关系，可科学评估增殖放流效果，对渔业资源管理具有较强的指导性。标记效果是衡量一种标记技术的重要指标，通常选取标记对象的存活率、生长情况及标志保持率等参数。不同鱼类规格大小对标记效果影响甚大，因此，选择合适的标记规格是某种标记技术成功应用的前提。相比耳石标记和微卫星标记，挂牌和无线射频（PIT）标记主要针对大规格鱼种，若对规格偏小的鱼类，其存活率、标志保持率都将降低，且生长受抑制，因需要对标记对象逐尾进行标记，劳动强度大，不宜大规模标记；但二者标记检测相对简单，都可做到无损、快速检测。

（一）放流品种的选择

增殖放流的种类主要遵循6个原则：①本地土著种；②适宜在本地水域环境中生长；③有利于保护本地水生生物多样性和维护生态平衡；④有利本地渔业发展，促进渔民增收；⑤不同生态位相互补充；⑥能够通过人工繁育获得足量苗种。

（二）放流方式的选择

放流方式主要采用紧靠水边直接投放的方法进行。在放流江段选择水底倾斜度小、落差较小、水质较好、流速适中、水交换能力较强的近岸，运输车可直达江边，现场抽样测规格、过秤计数量、直接放流鱼种进入库区。

（三）放流水域的选择

放流地点一般选择在水流较缓、水质优良、饵料资源丰富、敌害较小、交通便利、放流操作方便的水域，如大型支流水域、库湾回水区来进行。综合考虑放流地点的流速、库湾、放流车队规模及其相应放流方便与否等因素。

（四）放流后的管理

根据《水生生物增殖放流管理规定》第十五条之规定，"渔业行政主管部门应当在增殖放流水域采取划定禁渔区、确定禁渔期等保护措施，加强增殖资源保护，确保增殖放流效果"。每次增殖放流后，在实施放流地点上下游 3 千米范围内划定临时禁渔区域，确定放流后 10 天为临时禁渔期。加强临时禁渔期间的巡江护鱼和宣传教育工作，引导渔民和社会群众自觉遵守临时禁渔规定：①临时禁渔期间，禁渔区内渔业船舶停止捕捞作业，禁渔区外渔业船舶不得进入该区域从事捕捞活动；②临时禁渔期间，禁渔区内禁止任何单位和个人从事游钓、板罾、抄网捕鱼、捞取鱼种等活动。

四、捕捞技术

（一）大拉网捕捞法

大拉网是大水面增养殖中常用的捕捞工具，由网头、翼网、上下纲绳、浮子组成。根据捕捞水域地理特点确定翼网的宽度，其宽度小的 300 米，大的可达 1 000 米以上。拉网网片由尼龙线编织而成，上下纲绳可选用聚乙烯线绞成的直径达 2 厘米的粗绳。要求用大拉网进行捕捞的地点水深适宜，起网岸边坡度平缓，网围底部较平坦。拉网人员可确定在 20～40 人。大拉网捕捞法主要用于捕捞中上层鱼类（彩图 33）。

（二）抄网捕捞法

抄网由 50 米长、15 米宽的网翼及上下纲绳组成。作业时两只船上的捕捞人员各拉一边的上下纲绳，加大船速，迅速捕捞一定范围内的中上层鱼类。因冬季鱼类活动能力相对较弱，因此抄网捕捞时间一般选择在冬季。抄网捕捞法操作方便，动作迅速。作业人数一般为 6～8 人，每条船上 3～4 人。

（三）钩钓捕捞法

钩钓捕捞是指在一根长线上安装钓钩，并在钩上装上水蛭、蚯蚓、小鱼等诱饵，然后把钓钩放在鱼类活动的通道上，晚放早收。用这种捕捞方法可以捕捞底层吃食性鱼类。

（四）卡钓捕捞法

卡钩是用富有弹性的毛竹丫枝做成的。卡箍内装饵料，鱼吃卡食时，咬破卡箍，卡箍两头卡尖弹开，卡住鱼的口腔。卡钓捕捞法主要用于捕捞底层鱼。

（五）刺网捕捞法

刺网由许多长方形的单位网片连接而成，一般上纲装有浮子，下纲装有沉子。刺网下在鱼类经常栖息或洄游的通道上，使鱼刺入网目

或缠在网上而被捕捞。网目规格不同，所捕鱼的大小和品种也不同。各种鱼类都可以用此法捕获。

（六）灯光诱捕法

刘家峡水库、龙羊峡水库增殖的池沼公鱼，主要采取灯光诱捕法。其原理是利用浮游动物具有趋光性，而池沼公鱼追逐食物，从而达到捕捞目的。

大水面冷水鱼网箱养殖模式

增殖渔业是大水面生态渔业的主推模式，按照《关于推进大水面生态渔业发展的指导意见》，大水面可以在养殖容量范围内科学合理地开展网箱养殖。

在湖泊水库开展投饵型网箱养殖，可能会由于残饵、粪便进入水体带来污染，由于水体具有自净能力，只要采取科学的布局、合理的控制养殖规模，以及采取回收残饵、粪便等技术，网箱养殖对湖库水质的影响就能得到有效控制。首先，科学规划网箱养殖的容量，确保每一个水库/湖泊的网箱养殖量都在环境承受能力内。其次，网箱养殖的布局要科学合理，应以对水环境的影响最小为前提。再次，积极研发各种生态网箱或网箱集污去污技术，通过技术减少网箱养殖对水环境的潜在影响。最后，加强对网箱养殖技术的研究，以更好地指导大水面网箱养殖的未来发展。

第一节　生态环保网箱

一、网箱类型及特点

（一）鳟养殖生态网箱类型及特点

鳟养殖生态网箱一般由网箱框架、网箱网衣、浮力装置和锚固系统四部分组成，并根据养殖生产需要配套相应网箱附属装备。一般有浮动式方形网箱和浮动式大型深水网箱两种类型，目前主要分布在青海、新疆、甘肃等省份的大中型水库。

1. 浮动式方形网箱

主要用于大型网箱三文鱼养殖的配套鱼种培育（5～300克）或普通规格（500～750克）虹鳟商品鱼养殖。

（1）结构　一般方形网箱框架每边长6~12米，框架由角铁或高密度聚乙烯（HDPE）焊接而成；用泡沫、塑料桶、铁桶或高密度聚乙烯管做浮力装置；用铁锚或预制菱形水泥块作固定装置，一般每个锚重50~60千克，可根据网箱组大小及水流流速增减；网箱网衣主要以无结聚乙烯绞捻网为主，深度6~10米；为防止鸟类传播疫病，网箱要求加盖网（彩图34）。

（2）布局　每组网箱以两箱并排为宽，长度视水域宽度和水流速度确定，一般为宽度的10倍，网箱之间及四周有0.5米宽的人行走道；网箱设置横向垂直于水流方向（图4-1）。网箱框架的固定根据水体底质确定（一般硬底采用抛铁锚的方式固定，软底采用重力锚固定，底质较硬可使用铁锚或在底部打桩等办法固定；离岸较近、水位落差小可以在岸上打桩固定，锚绳长度大于水深3倍）；每组网箱间隔距离应大于30米。

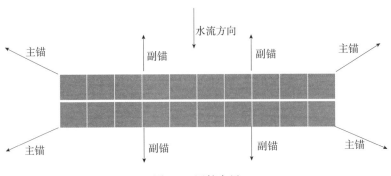

图4-1　网箱布局

（3）安装　先将网箱框架用锚固定于设定水域，设置网箱深度根据水库最低水位时网箱底部距离河床大于3米以上为宜。网箱网衣下水前仔细检查有无破损，先将网箱上纲绑在网箱框架护栏或扶手上，再将网衣下纲连接沉子缓缓放入水中，网箱口保持平整并高于水面50~100厘米。网箱一般在放鱼种前一周下水，以便使网衣附着少量藻类而变得光滑，防止擦伤鱼体。

（4）特点

①提高成活率，加快鱼类生长。养殖的鱼类被限制在一个较小的范围内，减少了鱼类的活动空间和强度，从而降低了鱼类的能量消耗，有利于鱼类的生长，从而提高了产量。同时，网箱中养殖的鱼类可避

免其他敌害生物的危害，其成活率可显著提高，也容易控制鱼类自然繁殖。

②管理简便，节约人工饵料。浮式网箱可随时离开不适宜的水域环境，并可实行轮养，以保护环境。便于观察鱼群活动、摄食、生长和健康状况，鱼种分箱操作、收获起捕都相对方便，可一次性上市，也可根据市场需要分期收获，具有机动灵活、饲养管理方便等特点。

③投资成本低，养殖周期短，养殖风险小，经济收益比较显著。

2. HDPE 大型深水网箱

主要用于大规格（3 千克以上）鳟的商品鱼养殖。

（1）结构　HDPE 大型圆形深水网箱是指与传统小网箱相比，可在较深水域使用网衣高度较大的网箱，也称为重力式全浮网箱。主要结构包括框架、网衣、固定系统、附属设备等几个部分。框架由高密度聚乙烯管材、工程塑料支架，连接件经热熔焊接和过盈配合组装而成。通常用 HDPE 材料制成圆形，上部扶手及支撑架管径通常为 125毫米，下部浮架用直径 200～315 毫米的管道 2～3 列，上下圈之间用聚乙烯支架连接。通常周长 60～160 米（即直径 19.1～50.9 米），网箱深度 7～15 米。锚石通常选用大抓力锚（如犁头锚或三角锚）或混凝土方块，主锚重量在 400～500 千克，副锚重 200～300 千克，锚与锚绳之间用锚链连接，锚链长度根据水流速和水底情况而定，锚链重 100～200千克，每个锚应配有浮标。锚绳常用聚乙烯绳、钢绞线或钢丝绳。锚绳的长度应为水深的 3 倍以上。网衣又称箱体，是养鱼的部分，既要保持水流通畅，又不使鱼逃逸，选材要求牢固、耐腐蚀，通常选用无结聚乙烯绞捻网。为防止鸟类传播疫病，网箱内要求配备支网架并加盖网（表 4-1，彩图 35）。

表 4-1　HDPE 标准化深水网箱框架技术参数

框架周长（米）	框架直径（米）	扶手管直径（毫米）	扶手立柱高度（厘米）	工字架立柱管径（毫米）	支架标距（米）	浮管外径（毫米）	双浮管中心距（厘米）
60～80	19.1～25.5	110	>80	125	2	250～280	55～66
80～100	25.5～31.9	110	>80	125	2	280～315	66
100～120	31.9～38.2	110	>80	125	2	315～350	66
120～160	38.2～50.9	110	>80	125	2	350～385	66

（2）安装　框架在陆上装配好之后放入水中，拖至养殖水域，用锚固定。锚、缆绳及相关部件要根据承受网箱的最大力计算，主缆绳长度一般在水深的3倍以上。大型网箱敷设水深通常在水库最低水位时网箱底部距离河床应大于3米以上。网箱之间用缆绳连接，间隔距离大于50米以上。大型深水网箱的锚泊系统比较复杂，包括锚型选择、锚重确定、锚绳材料、锚泊浮标、锚泊布置、锚箱连接等。一般采用箱组多点直系锚泊方式。网箱底部边缘需配一定数量的沉块，一般60米周长的网箱挂10～15千克的圆柱体水泥块16块，可以减少网箱漂移，使网箱充分张开。为了操作安全起见，在双浮管之间应安装脚踏板，踏板间距50～60厘米（图4-2）。

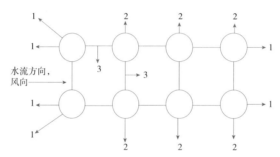

图4-2　HDPE圆形网箱锚泊平面图
1.主锚　2.副锚　3.缆绳

（3）特点

①拓展养殖水域，减轻环境压力。能适应不同水域条件，养殖水深可达15～20米。改变了传统网箱拥挤于内湾，养殖过密、水交换不畅、水质不佳、环境易污染的缺点。

②优化网箱结构，抵御风浪侵袭。网箱框架材料选用高密度聚乙烯材料，结构新颖合理、重量轻、不用任何金属连接件，管架没有任何会生锈、需要维护的部件。充分地把材料的柔韧性与高强度有机地结合起来，网箱抗风浪能力达到35米/秒，抗浪能力5～7米，抗流＜1米/秒。网箱框架寿命10年以上，网衣寿命3年以上。

③改善养殖条件，加快鱼类生长，减少疾病危害，改进鱼类品质。由于网箱容积增大，养殖水域水质清新，接近自然状态，网箱中鱼类表现出发病率低、活力强、生长快特点。养殖的鱼类普遍具有体型好、肉味美的优点，鱼品质明显提高，成鱼品质接近野生鱼。

④装备技术集成化程度高。将机械洗网、自动投饵、废弃物收集、机械捕捞、自动化加工等一系列配套装备技术集成应用于鲑鳟大型深水网箱养殖，实现了大型网箱养殖自动化、机械化、数字化、智能化、信息化的装备技术集成，逐步解决了大型网箱在任何工况条件下集中智能投喂、机械清洗、机械捕鱼、活鱼运输、自动化加工等全套生产解决方案和全天候养殖生产模式。

⑤增加科技含量，提升产业水平。整个深水网箱是一个系统，具有系统完整、技术含量与产业化程度高等特点，在整体结构、锚泊技术、装配技术、工艺流程、配套设施、分级收获、水下监视、综合管理、健康养殖等方面科技含量高，只有箱体、工程、种苗、饵料、防病、管理、加工、市场各个环节互为依存、互相促进，才能提升整个产业的技术水平。同时，由于深水网箱养殖是高科技产业，其前提是需要有高素质的养殖人员、高水平的管理、高质量的运行，才能充分发挥其优势。

3. 附属设施装备

（1）工作平台　是管理人员工作及休息的地方，也是小型仓库。兼具管理、监控、记录、贮藏、休息等功能。有的网箱之间铺设1～2米宽的工作廊桥，便于行走和操作。

（2）投饵系统　投饵由手工改为机械投喂，实现半自动化或自动化，或提升为电脑自控。其主要特点：一是完全由电脑操纵；二是可以精确地定时、定量、定点自动投饵；三是根据鱼的生长、食欲以及水温、气候变化、残饵多少，通过声呐、电视摄像及残饵收集系统，自动校正投饵量；四是能自动记录逐日投饵的时间、地点及数量。青海民泽公司从挪威进口的自动投饵设备，可以通过鼓风，饵料由直径10厘米的送饵管送至每个网箱，送饵管最长可达200～300米。

（3）洗网机　为及时除去网衣上的附着生物，网箱可配套洗网机。目前使用的主要是高压水枪式洗网机和进口圆盘式洗网机。

（4）监控设施　包括水质的自动监测记录、网箱管理监控系统、水下监视设施等，后者用水下电视摄像设备可以在陆上电视屏幕上直接观察到鱼的活动及摄食情况等。

（5）死鱼收集装置　在大型网箱中设置死鱼收集装置，通过网箱

养殖死鱼收集定位装置可以不定期将网箱中的死鱼收集出来，并进行无害化处理。也有用蛇形管与压缩机相连，在底部漏斗处收集；还可以用水下机器人观察后捞出死鱼，再进行无害化处理。

（6）鱼粪、残饵收集装置　在大型网箱网衣底部加装密眼锥形网兜，网兜深度大于网箱直径，在锥形网兜底部设置锅底形粪污残饵收集装置（用不锈钢材料定制加工而成，具有重力成型、集污作用），集污装置管口与吸污管（钢丝软管或 PE 管）下口连接，吸污管上口固定在网箱框架浮管外侧，定期用船载污水泵将粪污残饵吸到集污船舱运到岸边，再用污水运输车转运到污水处理场集中处理或作为肥料再利用。也可以用气提方式进行收集。

（7）吸鱼泵　可以用于商品鱼的收获，先将鱼用拉网聚集到一起，再用鱼泵将鱼和水一起从网箱吸到活鱼运输箱或直接收获。有的吸鱼设备兼具计数、称重、施药等多种功能。

（8）养殖工船　船上配备有起吊机、吸鱼泵、制冰机、麻醉屠宰设备、鱼箱、洗网机、投饵机等，便于养殖、收获、初加工，还可兼作人员、饵料及其他物资的运输。

（二）鲟养殖生态网箱类型及特点

我国在 2000 年左右开始出现鲟网箱养殖，经过近 20 年的发展，已成为我国鲟养殖主要方式之一。

1. 网箱形状与规格

鲟养殖网箱多采用长方形，长方形有利于水体交换和多个网箱的排列布局。网箱规格与养殖鲟规格有关，一般养殖商品鱼规格在 2.5 千克/尾以下时，用 3 米×4 米×2.5 米（宽×长×深）、4 米×5 米×3 米规格的网箱，养殖商品鱼规格在 2.5 千克/尾以上时，用 6 米×8 米×3.5 米（宽×长×深）、8 米×12 米×5 米规格的网箱。

2. 箱体材料

箱体是网箱结构的主体部分，是由网线编制的网片，按照网箱的形状和规格经裁剪缝制而成。网线材料有聚乙烯、聚丙烯、尼龙等。目前使用最多的是聚乙烯网箱，具有价格低、强度大、耐腐蚀等特性。箱体网目的大小，应根据鲟养殖规格确定，网目过密，水流交换不畅；网目过大，鱼类容易逃逸，且箱外野杂鱼类容易进入网箱与鲟争食。鲟规格与网目关系见表 4-2。

表 4-2　鲟规格与网目关系

规格（克）	10～20	200～500	2 500～5 000	10 000 以上
网目单脚长（厘米）	0.75	1.5	2.5	4

3. 框架

目前，鲟网箱养殖框架多为浮动式。框架制作常用材料为直径 5～6 厘米镀锌钢管或 4 厘米×4 厘米角钢，用泡沫块、金属油料空桶、塑料桶等作为浮子。该类型框架制作方便、成本适中，较为抗风浪，便于操作管理，是鲟网箱养殖使用较多的框架（彩图 36）。

此外，还有简易的钢管框架，一般用于小型网箱和风浪较小的水域，将钢管（6 米）用脚手架卡子固定成矩形，汽油桶做浮子，多个联成 1 组，中间走道铺设木板、竹板等。该网箱造价低，制作简便，便于拆卸转移（彩图 37）。

4. 浮力装置

浮力装置是指固定于框架下方为框架提供浮力的装置。浮子通常用泡沫塑料、塑料桶、金属油料空桶等。目前，国内鲟养殖网箱多采用泡沫塑料作为浮力装置，浮力大、造价低，在泡沫外面包一层薄膜，可延长使用寿命。

5. 沉子

沉子固定于网箱底部 4 角，使网箱下沉并保持一定形状。可用混凝土块、金属、陶瓷、砖块等，大型网箱用镀锌管制作与箱体底部形状相同的框架，固定于箱体底部。

6. 饲料台

鲟为下位口，养殖中投喂沉性颗粒饲料，为提高鲟摄食率，须在网箱底部设置饲料台。饲料台面积 2～10 米^2，圆形或方形，先用钢筋制作饲料台架，再用 15～30 目聚乙烯网片缝制在台架上，饲料台底部呈圆弧形，四周高、中间低。小型网箱可将整个底部用密眼纱网封住，兼做饲料台。大型网箱饲料台用聚乙烯绳索从框架顶部吊至离箱底 20～30 厘米处固定，方便清洗和检查摄食情况，也避免饲料台对箱底的磨损。

7. 设置粪污残饵收集处理装置的网箱

粪污残饵收集装置是近年来响应环境保护而开发的网箱养殖新装

置（图4-3）。目前，国内网箱养殖粪污残饵收集装置由中国水产科学研究院渔业机械仪器研究所研发。粪污残饵收集由安装在养殖网箱下部的集污网完成，通过空气扬液原理将残饵、鱼粪等沉淀物提升出水面，进行收集处理。

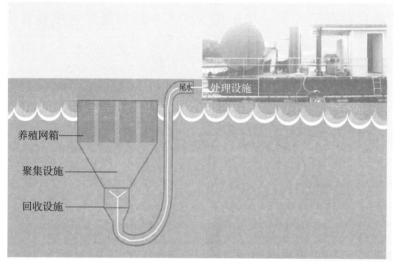

图4-3　鲟网箱养殖粪污残饵处理系统

（1）集污网　集污网采用绢纱材质制成，分上下两部分，上面部分以45°倾角向下，下面部分以60°倾角向下，集污网最底端连接集污斗。为使鱼粪、残饵能顺利滚落到网箱底部的集污斗中，集污网顶部需要有一个方形的金属框架将集污网撑开，配合底部集污斗的重量，以保持集污网表面张紧。金属框架需要有一定的强度和刚性以抵御水流冲击在集污网上的作用力和集污斗的重量。集污网框架的规格为金属框架规格，采用直径40毫米、厚3毫米的热镀锌管。为提高集污效率，可用4～6个网箱一组集污。

（2）粪污残饵收集　通过空气扬液原理将粪污、残饵等沉淀物提升出水面，进行收集。工作时，压缩空气经过充气软管从端部喷出，在输送管内形成上扬的气泡，此时输送软管内为气水混合体。由于空气的密度小于液体，管内气水混合比重小于管外水比重，管外部的水体会流入管内到压力平衡，使该段混合液提升至出口排出。如果加大供气量，气水混合体将不断溢出。同时位于集污斗内的残饵、鱼粪等沉淀物将混合在气水混合体内一并从出口排出。

（3）粪污残饵（养殖尾水）处理　收集的粪污残饵（养殖尾水）处理工艺（纯氧生化法无害化处理工艺原理）。纯氧生化工艺（PAOB）是在传统的活性污泥法和生物膜法生化处理工艺技术的基础上发展起来的高强度、无臭气污染、动力消耗低的综合环保型新一代生化污水深度处理工艺技术。生态网箱养殖尾水收集后进入反硝化槽与纯氧硝化回水混合脱氮，出水进入到纯氧生化（反应）槽，纯氧生化槽中设有高效溶氧器、高效射流器及海星形曝气器（生物处理器），在这些设备综合作用下，利用高溶氧环境下的高活性微生物处理污水，进一步脱除 COD、氨氮等污染物，之后污水进入到斜管澄清槽，经沉淀澄清后排入水处理槽罐，统一委托环卫部门清运至污水处理厂。

为进一步减少网箱养殖姆粪污、残饵在环境中的扩散，在养殖网箱外面套一个网眼较大的网，套网与集污网连接成一个"封闭"空间，套网内放养滤食性和杂食性鱼类，剩余的残饵和粪便由套网中的鱼清理。

二、网箱放置原则

（一）冷水鱼生态网箱设置比例及位置

按照《关于加快推进水产养殖业绿色发展的若干意见》要求，根据水资源水环境承载能力科学布设网箱，合理控制养殖规模和密度，加快推进网粪污残饵收集等环保设施设备升级改造，减少污染物排放。同一水体不同区域采用轮养轮休养殖模式。禁止在饮用水水源一级保护区开展网箱网围养殖，在饮用水水源二级保护区发展要更加注重环境保护，应投喂利用率高、饵料系数低的高效环保饲料，鼓励发展不投饵的生态养殖，严禁非法使用药物；经营主体应定期开展水质监测分析，防止污染水环境。禁止在自然保护区的核心区和缓冲区开展网箱网围养殖，在自然保护区的实验区内允许原住居民保留生活必需的基本养殖生产，同时要注重环境保护。根据水域的水质、面积、流量、交换量等条件，水域设置网箱的比例为 0.5%～2%。

（二）设置地点的选择

网箱设置地点的水位不宜过浅或过深，过浅箱底着泥，影响水流交换和排泄物的流出；过深网箱不易固定，一般以水深 10 米以上较好。要避开水草丛生区，因为水草丛生容易造成水体溶氧不均或缺氧。水

流畅通，水质新鲜，避风向阳，流速在 0.05～0.2 米/秒范围内风力不超过 5 级的回水湾为好。库湾、湖汊、无生活污水注入的进水口，以及河渠的汇集处，都是设置网箱的理想场所。

（三）网箱的布局

网箱布局以增大网箱的滤水面积和有利操作管理为原则。通常网箱箱距 4 米以上。河道中网箱可一字排列，串联 2 个以上网箱为一组，保持组距不少于 15 米。湖泊、水库中的网箱，应按"品"字形、梅花形或"八"字形排列。

第二节　网箱养殖容量评估技术

一、网箱养殖污染物排放量估算

在进行网箱养殖过程中，要充分了解网箱养殖会对水体造成什么样的影响或者是污染，可能会有哪些污染物，其来源是哪里，应如何避免养殖对水体造成负面影响，以及网箱污染物排放量的计算方式。这样，才能保证网箱养殖生产的顺利进行。

（一）污染物的来源及其对水体的影响

进行冷水鱼网箱养殖时，所投喂饲料的一部分会溶解损失或未能被鱼摄食，除此之外，被吃掉后还有部分未被吸收形成的粪便以及尿液、体表黏液等代谢物等都会对养殖水体造成污染。

这些污染物进入水体后，在转变成其他物质的过程中会耗费水中的氧气，从而可能造成水体溶氧水平的下降。在这种状态下，水体中的有机物会被细菌分解成硝酸盐、亚硝酸盐、铵盐，产生硫化氢等有害气体，同时，还会促使一些有害浮游植物过度生长，形成恶性循环，对水体环境造成污染，并影响渔业生产。一般认为，对水域环境造成污染的最主要成分是磷，因此，要评价水体对网箱养殖的负载能力，首先必须明确水体对磷元素的负荷能力。

（二）网箱养殖污染负荷计算

网箱养殖过程中的可能有机污染物主要包括残饵以及鱼类的排泄物，所以可以根据残饵和排泄物的产生量估算污染负荷。如上所述，有机物包括两部分：一部分是残存的饲料，包括漂到网箱外、在水中溶解以及还没有被吃掉的饲料；另一部分是鱼类摄食饲料后产生的一些物质，如氨氮、硝酸盐、磷酸盐和粪便等。因此，进入环境中的营养盐可以分为残饵中的营养盐和粪便中的营养盐，其中的营养盐可以重点考虑磷。残饵中营养盐根据饵料中的营养盐含量和残饵产生率计算，公式如下：

残饵中的营养盐＝投饵量×饵料中营养盐的含量×残饵产生率

粪便中的营养盐＝投饵量×饵料中营养盐的含量×（1－残饵产生率）×（1－消化率）×（1－粪便的溶解率）

以上公式需要通过试验，确定其中的残饵产生率、消化率、粪便的溶解率等。

生产中也可采取较为直接的方式，即采取一定的方法获取一定时间段网箱养殖过程中形成的残饵以及粪便的样品，将二者区分开来，然后直接测定残饵的量，计算出由残饵产生的污染负荷；同时，对所获取的粪便也进行相应的测定，计算出由粪便产生的污染负荷，将两者的污染负荷量进行加和就可以估算出残饵和粪便的所产生的污染负荷情况。这样可以明确两类有机物的污染情况。从简便的角度，也可不加区分，直接获得整体的数据。

采用上述第二种方法时，要注意保证一定的时间段，比如 12 小时或 24 小时，时间不可太短，否则代表性不强，影响测定的精确性。在此过程中，残饵尽可能在投喂后 1 小时前后采集，同时要注意观察养殖鱼类的排粪高峰，摸清规律后，尽可能在排粪高峰时采样。

二、水域环境承载力评估

水域环境承载能力是指一定水域的水体能够被持续使用并保持良好生态系统时，所能容纳污水及污染物的最大能力。这一概念常被用来表征水体纳污能力，准确把握这一概念，有助于促进水体的合理利用和相关产业的健康高效发展。在冷水鱼网箱养殖生产中，对养殖水域环境承载力的评估是非常重要的。

（一）水域环境承载力的特点及其影响因素

水域环境由于具有一定的自我调节能力，所以在一定时期内水环境承载力能保持相对稳定，另一方面，由于水环境系统比较复杂，且受多种因素影响，所以水环境承载力的指标和数量大小也比较难以精确，它也没有一个绝对的最大值。

水环境具有自净能力，它可以使水环境在一定范围内抵抗一定外来污染，实现自我维持与调节，使水环境功能可持续正常发挥。在一定程度上，区域水资源量、气候变化、水体原有状态（如流速、水生植物、动物组成改变）会影响水环境承载力的大小。当然，人类对水资源的开发利用方式、利用效率，对保护水环境所采取的措施、人类对污染物排放有关的相关标准、污染物的处理、养殖生产活动等都会对水环境造成影响，进一步也会影响水体承载力。

（二）水域环境承载力评估

《水域纳污能力计算规程》（SL 348—2006）规定，富营养指数≥50的湖泊采用富营养化模型计算水域纳污能力。总磷（TP）和总氮（TN）是守恒类污染物，其容量模型是以水体质量平衡方程为基础导出的营养盐模型，富营养化湖泊可以采用狄龙模型来计算，公式如下：

$$P = L_P （1-R_P）/\beta h$$

$$R_P = 1-W_出/W_入$$

式中：P 为湖泊中 TN、TP 的平均浓度，克/米^3；L_P 为湖泊 TN、TP 的单位面积负荷，克/（米^2·年）；β 为水力冲刷系数，$\beta = Q_a/V$，1/年（其中 Q_a 为湖库年出水量，米^3/年；V 为湖泊设计水量，米^3）；h 为湖库平均水深，米；R_P 为 TN、TP 在湖泊中的滞留系数，1/年；$W_出$ 为一年出湖（库）氮、磷量，吨/年；$W_入$ 为一年入湖（库）氮、磷量，吨/年。

湖泊中 TN、TP 水环境容量如下公式计算：

$$M_N = L_S \times A$$

$$L_S = P_s h Q_a / [（1-R_P）\times V]$$

式中：M_N 为湖泊氮或磷环境容量，吨/年；L_S 为单位湖泊水面积氮或磷环境容量，毫克/（米^2·年）；A 为湖泊水面积，米^2；V 为湖泊设计水量，米^3；P_S 为湖泊 TN、TP 的年平均控制浓度，克/米^3；Q_a 为湖泊年出流水量，米^3/年。

2016 年，农业部关于印发《养殖水域滩涂规划编制工作规范》和《养殖水域滩涂规划编制大纲》的通知（农渔发〔2016〕39 号）中，基于水域环境承载力理念，明确规定了不同水域网箱养殖的规模限定，具体规定为："限制在重点湖泊水库及近岸海域等公共自然水域开展网箱围栏养殖。重点湖泊水库饲养滤食性鱼类的网箱围栏总面积不超过水域面积的 1%，饲养吃食性鱼类的网箱围栏总面积不超过水域面积的

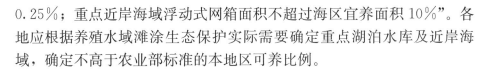

0.25%；重点近岸海域浮动式网箱面积不超过海区宜养面积10%"。各地应根据养殖水域滩涂生态保护实际需要确定重点湖泊水库及近岸海域，确定不高于农业部标准的本地区可养比例。

三、冷水鱼网箱养殖容量评估

（一）养殖容量的概念

养殖容量是指特定的水域，单位水体养殖对象在不危害环境、保持生态系统相对稳定、保证经济效益最大（如水质、水色、藻相等正常），并且符合可持续发展要求条件下的最大产量，本质上就是指一定条件下的最大养殖产量。养殖容量是一个包含环境、生态和社会经济等多种因素的综合概念，其估算涉及养殖环境、养殖方式、养殖技术等许多方面。其中，确定养殖活动对生态系统影响程度和确定生态系统弹性是养殖容量评估的核心。这方面的工作不仅需要加强养殖与生态环境相互作用机理研究，从生态系统水平上阐释养殖对生态环境的压力，而且有必要与生态系统健康评价相结合。

（二）养殖容量与水域承载力

水域环境承载力与养殖容量的表示对象不一致，水域环境承载力是说水体容纳污染物的能力，而养殖容量是指特定的区域在不破坏水体环境时最多可以养鱼的数量，但二者都是基于水体对污染物的承载能力。水域环境承载力的确定是确定合理养殖容量的前提，通过养殖容量确定出来相应养殖量的鱼，考核的主要指标不是具体的养殖面积和产量，而是养殖活动持续期间排放的氮、磷等营养物质的总量及其对环境造成的影响、污染，不能超过该水域的环境承载力。

（三）养殖容量的评估

养殖容量评估是指导养殖环境管理和养殖生产规划，进行养殖布局优化和结构调整，提高水产养殖综合效益的基本依据。评估容量的方法主要有经验研究法、能量/饵料平衡模型、生态动力学模型法。

1. 经验估算

经验研究法就是根据往年的养殖情况，比如面积、放养密度、产量以及对水体的监测数据等推算出养殖容量。这种方法缺乏对水质、环境因子及可能的生物过程的计算，而仅仅是在经验的基础上得到的，

可能超出实际的养殖容量，或是达不到实际的养殖容量，所以很大程度上会出现养殖容量的计算结果与真实的结果有很大偏差的情况。以此为依据，一方面可能造成过度利用水体，造成水体的负担过大，污染水体环境，不符合绿色健康发展的要求的情况；另一方面则可能导致对水体利用不足，不利于在确保水体的同时增加养殖的效益，实现效益的最大化。但是，经验数据也是非常重要的，可以作为其他测算方法的重要参考资料。

2. 基于氮排放量估算

根据氮排放量（$N_容$，千克）计算养殖产量和养殖规模。

$$Q_{饲料} \leqslant N_容 \div E_{饲料} \div N_{饲料} \tag{4-1}$$

式中：$Q_{饲料}$ 为可使用的饲料质量，千克；$E_{饲料}$ 为饲料的氮排放率，%；$N_{饲料}$ 为饲料氮质量分数，%。$N_{饲料}$ 可由投喂饲料的量和粗蛋白含量得到（粗蛋白含量 $\div 6.25 =$ 氮含量）。

采用这一方式估算，需要知道水体对氮的基本容量以及养殖鱼类对某种饲料的氮排放率。计算出可使用的最大饲料质量后，养殖户再根据自身现有的技术等实际情况，确定出适于实际情况的放养量。

3. 根据磷的估算

基于磷是限制水域生产量最重要的因素，科学家们建立了 Dillon－Rigler 模型，即 $Q = P_{mac} / P_{food}$，可用于进行养殖容量测算。有学者在此基础上，考虑到有外河带入该地区的磷，又提出了以下公式：

$$Q = P_{mac} / (P_{food} + P_{inlet}) \tag{4-2}$$

式中：Q 为理想的和允许的养殖容量，吨/年；P_{mac} 为可接受的最大磷负荷，千克/年；P_{food} 为水产养殖散失到水体中的磷负荷，千克/吨；P_{inlet} 为通过换水将外河带入养殖水体的磷负荷，千克/吨。

$$P_{mac} = (P_{max} - P_0) \times H \times A \times a \times r \times [1/(1-R)] / 1\,000 \tag{4-3}$$

式中：P_{max} 为水体允许的最高磷质量浓度，毫克/升；P_0 为水体磷的本底质量浓度，毫克/升；H 为平均水深，米；A 为水库水面积，米^2；r 为水的年交换率；R 为磷滞留系数，一般认为 45%～55% 的磷与底泥长期结合，R 取值 50%；a 为有效库容系数，即有效库容占总库容的比例。

与基于氮环境容量估算略有不同的是，采用这一方式估算，需要知道所处水体磷的本底情况、年交换次数及磷滞留系数等，计算出此水体可接受的最大磷负荷量；同时，要掌握网箱养殖对水体的磷排放情况以及外河带来的磷，最后可确定出适合于实际情况的放养量。

《大水面增养殖容量计算方法》（SC/T 1149—2020）基于 Dillon-Rigler 模型，提出了一个更加全面的计算公式.网箱养殖容量按式（4-4）计算，式中各参数按式（4-5）～式（4-10）计算。

$$W = \frac{k \times p}{P_j} \tag{4-4}$$

$$P = \Delta P \times V \times r \times [1/(1-R)]/1000 \tag{4-5}$$

$$\Delta P = P_{max} - P_0 \tag{4-6}$$

$$V = a \times H \times S \tag{4-7}$$

$$P_j = (P_1 + P_2 - P_f)/h \tag{4-8}$$

$$P_1 = P_m/b \tag{4-9}$$

$$P_2 = F \times Pe \tag{4-10}$$

式中：W 为网箱养殖的容量，千克/年；P 为水体对磷的承载力，千克/年；水体对磷的承载力大小（P）由水体允许磷增加的浓度（ΔP）、有效库容（V）、水体的年交换率（r）以及磷的滞留系数（R）决定；k 为网箱养殖鱼类磷排放量占承载力的比例，取值 15%；P_j 为某种养殖鱼类在养殖期间单位体重的磷废物散失量，千克/千克；ΔP 为水体允许磷增加的浓度，毫克/升；V 为大水面有效库容，米^3；r 为水的年交换率，$\%$；R 为磷的滞留系数，取值 50%；P_{max} 为水体允许的最高磷浓度，毫克/升；P_0 为水体中磷的本底浓度，毫克/升；a 为有效容积系数，即有效容积占总容积的比例，$\%$；H 为平均水深，米；S 为水域面积，米^2；P_1 为养殖单位体重鱼类所需苗种的磷废物含量，千克/千克；P_2 为养殖单位体重鱼类所需饵料（饲料）的磷废物含量，千克/千克；P_f 为某种养殖鱼类出箱时单位体重的磷含量，千克/千克；h 为养殖鱼类的成活率，$\%$；P_m 为鱼种中含磷率，$\%$；b 为体重增长倍数；F 为饵料系数；Pe 为饵料中的含磷率，$\%$。

4. 数值模型估算

目前的发展趋势是将一些估算模型和地理信息系统相结合，一些国家已建立了一些基于单机版或者网络的养殖规划软件和养殖容量评估软件。如生态动力学模型框架（Framework of ecological dynamic model）是一种开发比较早的养殖容量评估模型；而 Akvavis 是由挪威

建立的基于网箱和贝类养殖容量的管理决策支撑工具，它可以综合利用地理信息系统识别任务，制定出决策。既可以用来判断养殖场的养殖容量、养殖活动对环境造成的压力，又可以确定养殖场的最优布局。又如德国的 CBA（Cost Benefit Analysis）工作平台，在养殖容量评估中也已得到了初步地应用。

（四）养殖容量评估程序

在进行网箱养殖容量的评定时，可采取以下步骤：

（1）在养殖水域设置监测点，分析监测水域理化及生物指标，重点监测氮、磷等含量。要在水体上下游合理设置监测点，如果已有网箱养殖，要在网箱上游、下游及网箱区进行监测点设置；监测频率为一般每季度监测一次；监测内容包括总氮、总磷、高锰酸钾指数、5 日生化需氧量、悬浮物等水质指标以及浮游植物和浮游动物种类及生物量等指标。采样按照《渔业生态环境监测规范》（SC/T 9102—2007）进行。水体磷的本底质量浓度取该水体养殖区和非养殖区连续 5 年监测的平均值。

（2）确定磷为水体营养物的限制性因子，并以磷的排放量为主要指标，参考《水质较好湖泊生态环境保护总体规划（2013—2020年）》，以《地表水环境质量标准》（GB 3838—2002）相应类别的水质标准确定水体允许的最高磷浓度，如以 Ⅱ 类水质为标准，磷的限值可取 0.025 毫克/升。

（3）运用 Dillon-Rigler 模型进行养殖容量估算，在此过程中还要综合考虑其他因素。Dillon-Rigler 模型是公认的当前最好的测算水体总磷浓度公式，它是由磷的负载、水体的大小（面积、平均深度）、排水率以及磷的长期沉积量为基础的。在利用这一公式进行网箱养殖容量计算时，要给其他行业充分预留磷污染物排放剩余空间，养殖只利用少部分，如 10%，作为养殖容量计算的参数。在确定氮磷排放系数时，可参考饲料生产厂家提供的排放值，并参考《第一次全国污染源普查水产养殖业污染源产排污系数手册》的相关内容。

由于养殖水体环境并非一成不变，它往往在外界环境的作用下呈现出动态变化，养殖者通过养殖技术的提高，精细化管理，在养殖过程中减少氮、磷等有机物的排放，就可以在一定程度上提高养殖容量，从而在不影响环境的前提下实现效益最大化。当然，在生态环境优先的产业背景下，还是要把水域环境保护放在第一位，以不污染水环境为前提条件开展冷水鱼网箱养鱼生产。

网箱养殖容量评估是一项理论性、技术性都比较强的工作，对于一线养殖者来说，首先应树立环保优先的理念，明确保护环境是产业可持续发展的根本保障，切实重视网箱养殖容量评估工作，在具体的养殖容量评估工作中，应积极和专业技术人员合作，做好自身养殖资料的搜集整理和提供，在专家的指导和帮助下，利用理论模型计算网箱养殖容量，并结合自身实际不断调整完善技术措施，科学合理地安排网箱养殖生产。

第三节 网箱养殖技术

一、鳟网箱养殖技术

（一）苗种投放技术

（1）苗种的规格 网箱养殖虹鳟一般选择放养大规格鱼种，以50～100克/尾为宜，这样既缩短养殖时间，又可及时回笼资金，提高经济效益。放养应选择规格整齐、光泽度好、鳍条完整、无病健壮的优质鱼种，并且所用的鱼种应是当年的没有成熟的鱼种，避免雌鱼在网箱养殖条件下无法产卵致死或雄鱼在生殖期相互攻击。

（2）苗种投放密度 放养密度可根据预估产量和养殖环境容量进行设定。一般情况下，规格为 20 克/尾左右的鱼种，放养密度为 80～100 尾/米^2；规格为 50 克/尾以上的鱼种，密度为 50～70 尾/米^2 较为适宜。若水体环境条件和经济条件许可，并采取科学管理，放养密度可适当增加。

（3）苗种投放时间 鱼种放养最好在水温 8～10℃时进行，水温越高则鱼体产生应激越严重，容易造成死亡。以甘肃省刘家峡水库为例，春季 4 月和秋季 10 月为最佳苗种投放时间。

（4）苗种投放注意事项 苗种入箱前先将备用的网箱挂入水中 10 天左右，让水中的藻类附着在网上使网绳变得顺滑，减少粗糙的网片挂伤鱼体。苗种放养前用浓度为 3‰～5‰ 的食盐水浸泡鱼体 15～20 分钟消毒，杀灭寄生虫和病菌，消毒后小心地将鱼种放入网箱中，以防止鱼体受伤而患水霉病。入箱后的苗种有一个新环境适应过程，在这

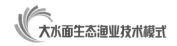

个适应过程中饲料的投喂量要比常规投喂量少一半，适应期1周左右，一周后苗种群体无异常现象发生，可转入常规管理。

（二）精准投喂技术

（1）饲料营养成分　整个养殖周期内，全部投喂虹鳟专用全价颗粒饲料。饲料粗蛋白质≥38%，粗脂肪≥12%。

（2）投喂量和频率　虹鳟投喂量根据鱼体重量和水温变化进行调节。日投饵率（%）按照表4-3进行。根据鱼的生长情况、水质、水温、天气等因素，适当调整投饵量，若天气闷热、水温过高、溶氧过低时应少喂或停喂。一般应间隔10～15天定期测量检查鱼体生长情况，然后调整投饵率，否则投饵量不易掌握，容易出现多投饵料造成浪费，或少投饵料造成鱼生长不良。测量方法为随机抽取30～50尾/箱，测量其体长、体重，动作要轻快，避免伤及鱼体。

表 4-3　虹鳟日投饵率（%）

平均规格	水温（℃）			日投饵次数	粒径（毫米）
（克/尾）	8～12	12～16	16～20		
2.5～12	1.7～2.2	2.2～3.0	3.0～2.0	4	1.0～2.0
12～32	1.3～1.7	1.7～2.2	2.2～1.6	3	2.0～3.0
32～60	1.4～1.8	1.8～2.4	2.4～1.7	3	3.0～4.0
60～90	1.2～1.6	1.6～2.1	2.1～1.5	2	4.0～4.5
90～500	0.9～1.2	1.2～1.6	1.6～1.1	2	4.5～5.0

（3）投喂方法　饲料的投喂要遵循少量多餐，并遵循"四定"原则。大规格鱼种一般每日投喂2次，早晚各一次。投喂方法施行"慢—快—慢"和"少—多—少"的投喂原则，即开始时鱼群尚未全部上浮摄食，应投喂慢一些且量少，中期鱼群已全部上浮摄食应投喂快一些且量多，后期大部分鱼群已吃饱而只剩少数弱小个体摄食，应投喂慢一些且量少。投喂时要仔细，向网箱中央投喂，尽量避免因投喂过快使饲料溢出网箱。

（三）病虫害防治技术

1. 疾病的预防

网箱养殖虹鳟疾病的防治要采取"预防为主、防重于治"的方针。在鱼种入箱和分箱时，动作要轻而快，分箱时要戴上手套，避免鱼体受伤，并用浓度为3%～5%的食盐水浸泡鱼体10～15分钟进行消毒。

每隔 10～15 天用浓度为 0.5 毫克/升的二氧化氯溶液泼洒消毒，每天 1 次，连续 3 天。鱼病多发季节，可在饲料中拌入三黄粉或保肝粉等药物进行投喂，或网箱内悬挂增强鱼体免疫力的中草药药袋进行预防。维生素对维持虹鳟快速生长和免疫功能具有重要的作用，日粮中补充高于需要量的维生素 E，可提高鱼类体液免疫力和激发吞噬作用而提高抗病能力。饲料中适当补充维生素 C 和维生素 E，有利于减轻各种应激对鱼类的不利影响。在高温时，虹鳟对维生素的需要量增加，此时添加维生素 C 有较好的抗热应激效果。

2. 疾病的治疗

一旦鱼出现游泳乏力、体色发黑、发白或部分发白、摄食量降低等症状时，是鱼病潜伏期的外部表现，应及时诊断治疗。同时，要及时清出死鱼和病鱼，进行无害化填埋处理，防止鱼病蔓延。

（1）小瓜虫病　又称白点病，网箱养殖中易发生在规格为 3～50 克的虹鳟鱼种，病鱼体表明显出现许多小白点，鳃上分泌大量黏液，病鱼呈现不安状态，常侧身与箱体发生摩擦，食欲明显减退，或跳出水面，身体消瘦发黑，鳃丝充血，呼吸困难，不久即大批死亡。此病主要危害鱼种，常因大量寄生在体表、鳃和鳍等部位，使鱼呼吸困难，窒息死亡。此病一般在春末水温开始回升（15℃左右）时发生。采取的措施是在水温 15℃左右时，提前使用 200 毫克/升的甲醛溶液浸洗 1 小时，每天 1 次，连续 3 天进行预防；或在 5%～10% 的食盐溶液浸洗病鱼 1 分钟或 1% 的食盐溶液中浸洗 1 小时；或按照每立方米水体拌入辣椒粉 0.5 克、生姜 3 克，煮沸半小时后泼洒；或每千克鱼体重拌饵投喂 0.3～0.4 克中药制剂青蒿末，连续使用 5～7 天。

（2）水霉病　症状是初期在鳍棘和体表出现小斑点，逐渐扩大、蔓延，形成棉毛状，进而患部肌肉出现溃烂、坏死。防治方法是用 10 毫克/千克高锰酸钾溶液洗浴 1 小时；或用 3%～4% 食盐水溶液浸洗病鱼 20 分钟。

（3）烂鳃烂尾病　防治方法是每千克体重投喂 40～80 毫克大蒜素，每天 1 次，连用 3～5 天；或每天投喂磺胺类药每千克体重 100 毫克，连续给药 4 天。

（4）肠炎病　大小鱼均可患病，主要症状是粪便拖尾，多数是消化不良引起，用氟苯尼考 15 毫克/千克饲料拌饵投喂，连投喂 3～5 天；

或每千克体重投喂 40~80 毫克大蒜素，每天 1 次，连用 3~5 天。

（四）日常管理

（1）巡箱　每天应坚持早、中、晚巡箱，发现网箱破损及时修补，对网箱内养殖虹鳟的活动情况进行观察，发现问题及时解决。

（2）分箱和筛选　虹鳟生长速度不均一是常见现象。因此，当虹鳟在网箱中养殖一段时间后，必须及时分箱，特别是投放小规格鱼种的更需要及时分箱，使同一个网箱中放养的虹鳟保持基本一致的规格和一个较为合适的密度，这样可以提高养殖效率。由于分箱会对鱼类造成应激反应或者受伤，影响鱼类生长，养殖期间不宜频繁分箱，大规格鱼种最好按预定产量一次放足，中间不分箱。分箱操作，有条件的可以用吸鱼泵和鱼类分级器进行，一般情况下，将网箱网衣提至框架一角，用捞海人工挑选进行筛选分箱。

（3）网箱的更换和清洗　养殖虹鳟水体溶氧最好在 6 毫克/升以上。随着鱼体的增长，适时更换大网目的网箱养殖，由 2.5 厘米变为 3~5 厘米，这样可以加快网箱内外水体的交换，从而有效增加水中溶氧量，满足虹鳟快速生长需要。在夏季高温期，由于表层水温太高，需将 4 米深的网箱换为 6 米深的网箱，以便虹鳟安全度夏。为了保证箱内水体交换，还需要定期清洗网箱。传统的办法是提起网箱一边，用木棍敲打，使附着的藻类及杂物脱落。此外，可在网箱中搭配一定量的鲤或鲫，其数量控制在不超过投放鱼种数量的 5%，其可以刮食网箱壁上附生的藻类等附着物，使箱内外水体交换通畅，为虹鳟提供了充足的氧气。

（4）做好养殖日志　认真做好养殖日志，详细记录好放养情况、天气情况、水域环境变化、投喂量、鱼病情况、使用药物情况、产品收获情况、产品规格等，以便总结和分析。若发现问题也可及时采取相应措施。

（五）残饵、粪便收集技术

传统的网箱养殖中鱼类排泄物和残饵对水环境的污染较大。近年来，网箱养殖基本采用环保网箱进行。环保网箱主要是通过增加网箱集污装置实现养殖废物的回收和利用。网箱集污装置就是在网箱底部安装集粪漏斗和集粪袋，集粪漏斗采用一定密度的筛绢网布制成，大部分鱼类的排泄物由于重力的原因落入集粪袋，再定期通过泵将粪便抽离水体进行无害化处理。这种装置通过物理收集方法对鱼体排泄物和残饵的收集，可降低网箱养殖产生的 70% 以上污染，减轻因残饵和粪便带来的环境污染。抽出的鱼粪可以经过脱水机脱水后由烘干机烘干，烘干后的鱼粪可以还田利用。

二、鲟网箱养殖技术

（一）苗种投放技术

（1）苗种规格的选择　为了提高网箱养殖鲟的存活率，一般选择放养大规格鱼种，以 100～150 克/尾为宜，且放养的鱼种应选择规格整齐一致、体质健壮、体表无伤、体色正常、活动能力较强的鱼种放入同一网箱中。

（2）投放密度　适时调整养殖密度，是取得鲟高产的重要一环。一般放养规格为 100～150 克/尾，放养密度为 40～50 尾/米^2。若放养小规格鱼种，一般投放 30～50 克/尾的鱼种 60～80 尾/米^2。养殖过程中需要根据鲟生长状况进行分箱并调整放养密度。

（3）投放时间　放养时间一般在 4 月中旬进行，水温在 10～15℃为宜。

（4）投放注意事项　网箱在鱼种放养前 1 周下水，使网箱着生一些藻类，以避免鱼体擦伤。运输鱼种的水温与网箱内水温差不要超过4℃。放养前要进行一两小时水体交换，消除温差，并且尽量避免鱼体擦伤或因温差而引起的应激反应。鱼种入箱前用 3%～5% 的食盐水浸浴 15～20 分钟，杀灭鱼体表皮各类病原菌，再将种苗缓慢倒入网箱中。

（二）精准投喂技术

（1）饲料营养水平　网箱养殖鲟饲料选择鲟专用全价配合饲料，粗蛋白含量为 38%～44%，粗脂肪含量为 9%～11%。

（2）投喂量和频率　根据水温变化和鲟摄食情况设定不同投喂量和频率。具体为：当水温低于 10℃ 时，投喂量为 0.1%～0.3%（以鱼总重计，本段中下文与此相同），每天投喂 1 次。当水温 10～14℃ 时，投喂量 0.3%～0.7%，每天投喂 2 次。当水温 14～17℃ 时，投喂量为1.1%～1.4%，每天投喂 2～3 次。当水温 18～22℃ 时，投喂量1.5%～2.5%，每天投喂 3～4 次，其中因鲟有夜晚摄食的习惯，21：00—22：00 喂 1 次。当水温 23～28℃ 时，投喂量 1%～1.5%，每天投喂 2～3 次。当水温高于 28℃ 时，日投喂率低于 0.5%，投喂 1 次

或不喂。每次投喂七成饱，这样可以促进鱼类消化和饲料利用，从而达到快速增长的目的。投喂饲料量可根据季节、天气、水温、鱼体大小以及摄食状态适当调整。

（3）投喂方法 饲料投喂实行"定时、定位、定质、定量"的四定原则，投喂过程遵循"少-多-少，慢-快-慢"的方式，投喂饲料要在规定的时间均匀撒在网箱靠中间部位，防止因风浪原因使饲料冲出网箱。每次投喂以 20 分钟左右吃完为宜。每月对鱼体进行 1 次抽样检查，了解鲟的生长情况，及时调整投饲量。

（三）病虫害防治技术

1. 疾病的预防

网箱养殖鲟要严格贯彻"以防为主、防重于治"的病害防治原则。鱼种放养前用浓度为 3%～5% 的食盐水浸泡鱼体 15～20 分钟，消毒后小心地将鱼种放入网箱中，以防止鱼体受伤而患水霉病。筛选分箱等日常操作时要小心，避免鱼体受伤。严禁投喂腐败变质的饵料，提高鱼体的抗病力。养殖期间每隔 15～20 天用生石灰 2～3 千克，化水泼洒箱体及附近水域，每天 1 次，连续 3～5 天，也能做到预防病害发生。

病害多发季节定期采取以内服药饵为主的预防措施，可在饲料中按每千克鱼体重拌入 5 克多种维生素和 5 克大蒜素投喂，增强鱼体抵抗力，预防肠炎等疾病。或每千克饲料中添加微生态制剂如枯草芽孢杆菌等 2 克、大蒜素 2～3 克，既可增强鱼的抗病力，又可提高饲料利用率。

2. 疾病的治疗

箱内发现有病鱼死鱼时，要提箱检查病鱼死鱼情况，捞出箱内病鱼死鱼深埋，避免交叉感染。针对不同疾病采取不同治疗措施。

（1）肠炎 主要发病于夏季高温季节，从外观看体色正常，游动缓慢、无力、上浮、贴边，肛门明显突起呈火山口状。肠道内无食，并有黄色液体。治疗采用磺胺二甲基嘧啶拌料投喂，每天投喂药量为每千克鱼体重 50～100 毫克，也可增加干酵母、大蒜素拌入饵料，连续投喂 5 天；用篷布将鱼集中兜住，水体控制在 20 米^{3}左右，早上用 1.5 毫克/升的二氧化氯溶液，下午用 4 毫克/升的聚维酮碘溶液药浴 20 分钟，连续 3 天。

（2）车轮虫病 车轮虫主要寄生在鲟体表与鳃上，少量寄生时，

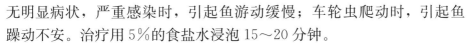

无明显病状，严重感染时，引起鱼游动缓慢；车轮虫爬动时，引起鱼躁动不安。治疗用5％的食盐水浸泡15～20分钟。

（3）烂鳃病 主要发病于春夏季，病鱼主要症状为鳃丝发白、发黑，体色发黑，而且容易浮头，常常是离群漂浮在水体的上层。采用药饵投喂与药浴结合的方法治疗。投喂药饵，1千克饲料拌入15毫克氟苯尼考，连续投喂5天。水体中每天泼洒二溴海因和复方三氧碘一次，用药物浓度为0.2～0.3毫升/米^3，连续泼洒3～4天。

（4）水霉病 主要发病于春季，其表现症状为体表破损处有灰白色的絮状物，病鱼开始烦躁不安，并且随着病情加重还会发生游动缓慢、食欲减退甚至停止摄食等现象，病鱼逐渐消瘦，甚至死亡。用1毫克/升的亚甲基蓝药浴20分钟，每天一次，连续5天。可用水霉净、水杨酸等药物，按照说明书规定的用量和方法施药。也可采用食盐和小苏打1：1的混合溶液对鱼体进行消毒，达到防治的目的。

（四）日常管理

（1）巡箱 每天坚持早、中、晚巡箱检查，仔细观察鱼体摄食与活动情况，注意每次投饵后鱼的吃食情况从而调整投喂量，如发现有剩料现象，应及时查明原因以便采取措施；定期检查网箱有无破损，固定网箱设施是否牢固，发生损坏要及时修补，以防发生逃鱼事故，汛期水库水位变化较大，要根据水位高低及时调整锚绳长度，防止框架下沉或网箱搁浅，做到安全生产。

（2）分箱和筛选 鲟网箱养殖中个体生长不均现象普遍存在，需要根据鱼的生长情况及时分箱，以便合理利用水体空间，如放养密度过大，鱼抢食激烈，鱼体相互摩擦，碰撞受伤，易发生感染而死亡。每一个半月分箱一次，把同一规格放入同一网箱，并做好记录，以保证每箱商品鱼大小一致，同时便于控制投喂量。分箱操作最好选择水温在20℃左右时进行，鱼体不易感染水霉、产生应激反应，春、冬低水温季节和25℃以上的时间尽量不要拉网动鱼。

（3）清洗和更换网箱 定期清理网衣，保持网箱良好的通透性和形状。每1～2周要清洗网箱一次，清除网衣上的附着藻类与污物，保持网箱内外水体交换良好。暴雨、洪水过后要立即清洗，保证箱内外水体交换畅通。

（4）做好养殖日志 认真做好养殖日志，详细记录好放养情况、

天气情况、水域环境变化、投喂量、鱼病情况、使用药物情况、产品收获情况、产品规格等，以便总结和分析。定期测量水中的溶氧、pH等，若发现问题也可及时采取相应措施。

（5）残饵、粪便收集技术　同本章第三节中鳟鱼网箱养殖残饵、粪便的收集技术。

第五章

典型案例

第一节　增殖渔业典型案例及效益分析

一、千岛湖保水渔业

（一）千岛湖基本概况

千岛湖（新安江水库），是浙江省最大的水库，1959 年 9 月 21 日截流蓄水形成，水域面积在 108 米高程时为 573 千米^2，蓄水量 178.4 亿米^3。自"十一五"时期以来千岛湖渔业定位于"保水渔业"，在控制生态容量的基础上通过定量投放鲢、鳙控制藻类异常增殖、强化天然鱼类增殖保护和配套鱼种自我生产能力，达到了"以渔治水、以渔保水"的功效，使千岛湖水质始终保持在地表水Ⅰ类水平。

（二）千岛湖产权和经营主体情况

1. 产权情况

根据相关法律法规的规定，千岛湖水域权属为国有。淳安县农业农村局为千岛湖渔业产业的行政主管部门。

2. 经营主体情况

鲢、鳙保水渔业规划养殖面积 533 千米^2，该水面的养殖捕捞经营权由杭州千岛湖发展集团有限公司（简称千发集团）独家拥有。千发集团成立于 1998 年，是由中林森旅控股有限公司与淳安县新安江生态开发集团有限公司共同投资，并按照现代企业制度设立的一家央地合作的国有企业，主要从事千岛湖渔业生产、加工与销售，餐饮服务与经营，文化创意开发以及旅游开发建设等业务。

千发集团成立之初是一家以林业木材采伐销售为主导，产业涵盖林业经济、渔业生产和旅游服务，集渔业、旅游业为一体的林业龙头

企业，收入的主要来源为木材采伐销售。1999年起，随着千岛湖旅游的发展与国家生态公益林建设的实施和推进，千岛湖周边山林相继被划归生态公益林管理，公司的木材采伐指标大幅缩减，林业收入急剧下降，同时由于千岛湖水体中的鲢、鳙资源贫乏，没有自己的品牌，销售形式单一，市场价格不高，企业当年亏损数百万元，经营十分困难。为此，公司对发展战略进行了重新定位，明确了新的发展思路，即由林业向渔业改革转型，依托千岛湖一流的生态环境及独家拥有水面经营权的资源优势，探索品牌经营，大力发展有机渔业。

（三）生产经营模式

1. 生产模式

首创"保水渔业"理论，实施"以渔治水"渔业生产模式。千岛湖局部水域曾在1998年和1999年暴发季节性蓝藻水华，经科学分析，库内鲢、鳙数量偏低是导致水华暴发的重要原因之一。2000年，千发集团联合上海海洋大学在全国率先提出了"保水渔业"的理念，即以现代生态学理论为基础，根据水体特定环境条件，通过人工投放适当、适量的鲢、鳙等鱼类，利用鲢、鳙等鱼类滤食水中藻类和有机物质的特性，一方面通过滤食直接降低水体藻类和有机物质数量，另一方面藻类的生长能吸收水体中的氮、磷等营养物质，藻类、有机物质被鱼类摄食再转化为有机鱼，合理捕捞有机鱼从而将氮、磷等营养物质带出水体，起到预防或控制藻类水华发生、生态净化水体营养物质和改善水质的目的。千发集团每年都要向千岛湖投放100多万千克、1 000多万尾的鲢、鳙鱼种，并通过合规限额捕捞，最终实现既保护水域生态环境，又发展渔业产业的双赢目标，实现经济效益与生态效益的统一（彩图38、彩图39）。二十年治水成效证明，"保水渔业"的发展为千岛湖优质水域生态环境的保护发挥了重要的作用。

在生产过程中加强全过程管理，在鲢、鳙放养方面，基于保水渔业的总体要求，根据渔产潜力法、生物能量学法等方法计算千岛湖鲢、鳙增养殖容量，并在生产活动中严格按此容量进行放养。采用传统网具捕捞法、环境DNA法以及鱼探仪法等多种方法综合评估鲢、鳙储存量，并结合保水控藻的要求制定年捕捞量，科学制定捕捞规格，捕大留小，鲢开捕规格定为3千克以上、鳙为4千克以上。全年逐月开展水化学如氮磷浓度、浮游植物和浮游动物等监测，根据水化学、饵料生

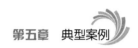

物和鲢、鳙储存量监测及增殖放流效果评估等结果对鲢、鳙的放养和捕捞进行动态调整（彩图 40）。

2. 经营模式

实施品牌渔业战略，提高渔产品价值，促进千岛湖渔业可持续发展。随着全国其他地区湖泊、池塘养鱼、网箱养鱼的蓬勃发展，千岛湖鲢、鳙曾一度出现滞销，究其原因是品牌建设没有及时跟上品质。千岛湖湖水清澈透明，属国家Ⅰ类地表水，可直接饮用。另外，湖周围森林覆盖率高，大量松花粉飘落和流入千岛湖，成为鱼类的天然饵料。再加上得天独厚的养殖环境，无须饲料也不用渔药，造就千岛湖鲢、鳙独特的品质。好的品牌不仅要有好的品质作保障，还需要不断创新营销方式。为使千岛湖有机鱼和其他同类的鱼区隔开来，2000 年千发集团实施品牌战略，将千岛湖鲢、鳙注册为"淳"牌商标，同年成为首家通过国家环保总局有机认证的有机鱼产品，开创了中国淡水鱼有机认证的先河。通过有效的市场促销宣传，千岛湖有机"淳"鱼品牌形象不断强化，品牌价值不断提高，实现了从一个地方农业品牌到中国第一个淡水活鱼类驰名商标的升华。近几年，公司年捕捞"淳"牌有机鱼 5 000～6 000 吨，通过实施直营直销、区域专卖、系统规划的品牌营销策略，改变鱼体销售形态，从原来的卖冻鱼到卖冰鲜鱼再到销售活鱼，积极构建全国生态农产品销售网络，"淳"牌有机鱼的价值不断提升，开创了低成本创意营销，成功地将这一普通的鲢、鳙打造成了最响品牌的千岛湖有机鱼，成为由企业主导将农业品牌在短时间打造成全国龙头品牌的先行者，在全国掀起了吃"鱼头"的热潮。

积极发展二产三产，实现三产深度融合，推动千岛湖渔业高质量发展。千发集团自开发利用千岛湖的渔业资源以来，积极开拓创新，大力推进与渔业相关的二产和三产产业的发展，不断延长产业链，提升价值链，推动渔业"接二连三"融合发展。当前，已建立起以保水为前提、以生态为依托、以文化为统领的集"增殖、管护、捕捞、加工、销售、科研、烹饪、旅游、文创"为一体的完整产业链，"养鱼治水"的渔业发展模式被总结为全国水库（湖泊）生态渔业发展的"千岛湖"模式。

（四）千岛湖渔业的主要经验做法

通过全面实施"保水渔业"工程，大力开展渔业资源增殖放流，

重新构建鱼水和谐关系，千岛湖渔业资源和水域生态环境得到了有效的保护；充分依托生态环境优势，做足生态渔业这篇文章，走无公害绿色水产品向有机水产品发展的道路。

1. 提升科技成果转化利用，推动大水面生态渔业创新发展

创新是企业发展的灵魂，是一个企业兴旺发达的不竭动力，不创新就会落后。千发集团秉承创新理念，除联合上海海洋大学首创"保水渔业"理论并付诸实践外，还联合其他科研院所在大水面生态渔业全产业链上开展技术研发，制定产品技术标准。在捕捞环节，首创了"拦、赶、刺、张"联合渔具渔法，提高鲢、鳙捕捞效率，捕大留小，将对其他野生渔业资源的误捕降到最低水平，确保永续利用。在鲢、鳙转运和保鲜环节，研发了机械化起网机、活水船、起鱼转运装置、超低温鲜冻液、活鱼入市等一批新设备、新技术，获得了22项专利（彩图41、彩图42）。在产品研发环节，借助"庖丁解牛"的方式进行"庖丁解鱼"，将一整条鱼分割成鱼头、鱼身和鱼尾三段共13个部位。其中，鱼头可细分成毛鱼头、净鱼头（整个）、分割鱼头（半个）、鱼鳃肉、鱼唇、鱼脸、月牙肉。鱼身分成鱼中骨、鱼块、鱼排等。经过标准化细分割，千岛湖"淳"牌有机鱼变成了淳鱼美食。鱼头变成"秀水砂锅鱼头"，鱼块变成"淳牌东坡鱼"，鱼皮变成"香菜鱼皮"，满足了消费者对鱼品的多样化需求。总之，创新为千岛湖大水面生态渔业绿色高质量发展提供了强大的动力源泉。

2. 推进一二三产深度融合，助力大水面生态渔业高质量发展

创新"渔旅融合"发展模式，做大做强休闲渔业，延长产业链，提升价值链，促进大水面生态渔业高质量融合发展。一是大力发展文化特色餐饮业。以千岛湖鱼味馆为龙头的餐饮企业，积极应对市场变化，加快转型升级步伐。围绕一条鱼，在鱼头开发、鱼身利用上入手，加大鱼肴的创新力度，鱼肴特色鲜明。研发有机鱼菜烹饪技术，逐步创立吃鱼头的餐饮消费市场；设立淡水鱼烹饪学校，为全国各地的经销酒店提供厨师免费培训服务，提高鱼肴烹饪水平，促进有机鱼产业的发展。二是探索推进淳鱼文化创意产业，把"有形的鱼"变为"创意的鱼"，把"吃的鱼"转变成"文化的鱼"。创建了全方位展示和传承渔文化的中国首家渔业文化博览馆——千岛湖鱼博馆，鱼博馆以千岛湖淳鱼为主线，立足千岛湖文化、水下古城文化、民俗文化和千岛湖渔业历史，全方位展示最古老的鱼、最大的鱼、最全的鱼、最文化的鱼、最萌的鱼和最视角的鱼，融知识性、体验性、观赏性、品牌性为一体，推动渔文化的继承和发展。以千岛湖渔文化为平台，吸引了全球第一个鱼头艺术创意人——法国鱼头艺术家安妮·凯瑟琳来到千岛湖，进行《淳鱼故事》鱼头艺术作品现场创作。中国鱼拓专业委员会理事会落户千岛湖、中日韩千岛湖鱼拓创作基地的成立进一步推动了鱼拓文化的发展。渔文化的开拓创新为千岛湖渔业发展挖掘和增添了文化元素，推动了湖区渔业和文化的融合发展。三是大力开发有机鱼农业旅游项目。在渔业生产的基础上，引进旅游休闲观光，将渔业生产与休闲观光有机结合，开发了"中华一绝、鱼跃人欢"的巨网捕鱼、"渔乡古韵、美丽渔村"的鳌山渔村、鱼拓体验和千岛湖休闲垂钓等一系列特色旅游项目。此外，通过举办千岛湖生态环保增殖放流活动、有机鱼文化节、国际鱼拓制作大赛、千岛湖国际垂钓大赛等渔事节庆活动，丰富了千岛湖旅游内涵，提升了千岛湖旅游的层次，延伸和拓展了产业链，也带动了餐饮、文化创意等其他相关产业发展。通过产业链的延伸，千岛湖形成了"以渔兴旅、以旅促渔、渔旅融合"，渔业和旅游业共荣发展的新模式（彩图 43～彩图 45）。

3. 创新大水面渔业监管模式，助推渔业资源多样性保护

面对整个千岛湖 533 千米^2 水面、2 000 多千米的湖岸线、大大小小无数的湖汊、遍布湖四周 19 个乡镇的十余万老百姓以及从各地纷至沓来的垂钓爱好者，千岛湖渔业资源管护形势越来越严峻。为顺应千岛湖渔业产业发展和水域生态保护的需要，2007 年，淳安县专门成立县渔政渔港监督管理局（简称县渔政局），为隶属于淳安县农业农村局的副科级事业单位，额定编制 58 人，并于 2009 年纳入参公管理单位。同时，为有效保护千岛湖渔业资源，在县委、县府的支持下，千发集团专门成立了 150 余人的护渔大队，配合县渔政局坚持常年守护在千岛湖上。为了提高管护效果，渔政对千岛湖 533 千米^2 的管理水域进行湖区划分，将整个千岛湖划分为五大湖区 18 个水域管理片区，水域管理片区半径为摩托艇 20 分钟的路程，并在各水域管理片区设置一个由 2～3 名渔政执法人员和 3～5 名千发集团护渔管理人员组成的水上合署办公的渔政管理组。各水域管理片区既独立管辖和保护责任水域内的渔业资源，又可在其他的水域管理片区需要配合和增援时积极响应，同

时各水域管理片区之间还可联合行动,抓捕大案要案。这种执法和护渔合署水上联合办公、全湖区划片分组责任管理的模式,加大了渔业资源管理力度,增强了渔业资源保护效果。

经过多年实践,在千岛湖渔业资源保护工作中还创新了四大机制:即有奖举报、快速反应、管理模式、司法协调。①规范有奖举报制度。通过激励手段鼓励和调动广大干部群众参与监督,淳安渔政建立举报中心,并向社会公布24小时举报投诉电话,实行有奖举报制度,并收到了良好的社会效果。②建立快速反应机制。全力打造一支政治合格、纪律严明、作风扎实、业务过硬、执法公正、服务热情、开拓创新的渔政执法队伍。为切实提高应对突发事件时的快速反应和整体作战能力。健全渔政管理110体系建设,建立水陆机动快速反应渔政队伍,初步建立了以渔政、公安、林业、工商、交通及乡镇等多部门单位共同组成的护渔联防机制。③创新渔政管理模式。大力整合渔业资源保护力量,形成了以渔政为执法主体、以护渔为保护主力、以公安为执法后盾、以乡镇为管理支撑、以林场为联防支持的五位一体的护渔联防组织结构,渔政执法与管理护渔、专业管理与群众参与、分片管理与资源专管、水面管理与陆路巡查、日常管理与快速反应、目标考核与监督检查六结合的渔业资源保护管理新模式,使千岛湖鲢、鳙资源得到有效保护,确保千岛湖"保水渔业"顺利实施。④创新司法协调机制。为严厉打击偷捕鲢、鳙行为,加大千岛湖渔业资源保护力度,2006年淳安县政法委组织司法机关和渔政部门就加强千岛湖鲢、鳙资源保护执法工作有关问题进行了协调,规定在千岛湖偷捕鲢、鳙价值达到2 000元以上,以盗窃罪定罪处理;2017年6月,淳安县委政法委召开关于淳安县"非法捕捞水产罪"构罪标准的专题会议,对《千岛湖非法捕捞水产品罪的构罪标准》进行修改,重点打击禁渔区(期)违法捕捞、使用禁用工具和方法捕捞、无证捕捞、偷捕鲢、鳙等严重破坏渔业资源和水域生态环境的违法行为。2018年4月20日,淳安县出台新《淳安县渔业管理办法》,对非法捕捞水产品行为的处罚力度进一步提升。2020年,淳安渔政组织执法、护渔人员全年共查处各类渔业案件2 312起,罚没款290.7万元,其中鲢、鳙案件1 025起,占比44.3%,渔业刑事案件12起,有力打击了渔业违法犯罪行为,保护了千岛湖渔业资源与水域生态,保障了鱼丰水清的

生态渔业可持续发展。

为了更好地保护和恢复渔业资源，多措并举，建立了官方放流、企业放流、民间放流等多种载体与形式相结合的增殖放流体系，形成了以鲢、鳙、花鲭、黄尾鲴、细鳞鲴等净水品种为主，光唇鱼等土著鱼类为辅的放流模式，在淳安县营造了"全民关注自然水域环境，自觉开展渔业资源保护"的良好氛围。在高校、科研院所的大力协助下，县渔政局创新"人工鱼巢"增殖措施。采用塑胶管、绳索、棕榈片等材料在千岛湖汾口、威坪、姜家、宋村等传统鱼类繁育区域构建人工鱼巢，为千岛湖鲫、鳊、鲤、黄尾鲴、细鳞鲴等产黏性卵鱼类提供了良好的繁育场所，提高了土著鱼类的繁殖率和存活率，促进千岛湖渔业资源和水域生态环境保护。

（五）效益分析

千岛湖"保水渔业"发挥了良好的经济、生态和社会效益，为我国其他湖泊、水库结合自身资源禀赋、超越同质化竞争，形成独具特色的发展之路提供了很好的思路。

1. 经济效益分析

2020 年千岛湖渔业总产量达到 13 443 吨，产值 26 690 万元。其中，群众大库野杂鱼捕捞产量 2 879 吨，产值 4 516 万元；千发集团大库鲢、鳙捕捞产量 4 579 吨，产值 12 100 万元；其他为群众养殖量。千岛湖有机鱼引领全国吃鱼头的餐饮时尚，一条鱼带动一方经济，形成独特的鱼头经济，带动当地 2 200 多家酒店烹制鱼头，鱼头餐饮年收入达 20 亿元。一条鱼带动一个产业，全国的鲢、鳙在公司产业龙头带动和"淳"牌有机鱼的品牌辐射下价值逐步提升，年增效益 60 多亿元，有力推动了大水面生态渔业可持续发展和共同富裕。

2. 生态效益分析

鱼水和谐，造就绿水青山。通过全面实施"保水渔业"工程，大力开展渔业资源增殖放流，重新构建鱼水和谐关系，千岛湖渔业资源和水域生态环境得到了有效的保护。根据检测，千岛湖水质长期保持在较高的水平，水体监测全部达到《地表水环境质量标准》(GB 3838—2002) Ⅰ类水。据国家环境主管部门的数据显示，千岛湖在 61 个国控重点湖（库）中水质名列前茅，是华东地区乃至全国少有的未受污染的大面积水体。

3. 社会效益分析

千发集团在注重企业自身发展的同时，也一直重视国企承担的社会责任，积极回馈社会。一是千岛湖"保水渔业"放养鱼种采用了特有的三级培育模式，千发集团每年收购网箱培育的老口鱼种用于鲢、鳙放养。公司将用于放养的鲢、鳙老口鱼种交由农户网箱培育，2020年支付农户300余万元鱼种款，直接带动70多名农户每年户均增收数万元。二是千岛湖有机鱼带动了当地餐馆的发展。据不完全统计，淳安县有2 200多家主打鱼头菜肴的餐馆，均以烹制千岛湖有机鱼头为卖点，促进了当地餐饮业就业和产业发展。不仅如此，还为餐饮酒店提供厨师技术培训服务，为社会培育鱼肴烹饪服务人才，推动餐饮产业发展的同时，还进一步带动了吃鱼头旅游消费市场的发展，推动了有机鱼产业的兴旺。三是以千岛湖为基地成立并运作"两山学院"，以"学院＋教学点"为模式开展教学，勇担国企传播生态文明、践行"绿水青山就是金山银山"理念的责任，积极推动千岛湖"保水渔业"模式在全国范围内的推广，并通过投资控股、技术输出等不同形式，有序推进"一湖推十湖，十湖带百湖"的发展战略，让"绿水青山就是金山银山"的千岛湖模式在全国各地蓬勃发展。

二、查干湖生态渔业

（一）查干湖大水面渔业的主要特点

查干湖生态渔业-
吉林查干湖渔业
有限公司

查干湖，位于吉林省西北部的前郭尔罗斯蒙古族自治县境内，处于嫩江与霍林河交汇的水网地区，水面面积345千米^2，蓄水6亿多米^3，是吉林省内最大的天然湖泊。2007年8月1日，查干湖经国务院批准列为国家级自然保护区，而以查干湖冬捕为标志的渔猎文化也成为其文化遗产之一（彩图46）。

2018年，中共中央总书记习近平亲临查干湖实地视察生态保护和渔业发展，并给予充分肯定，同时作出守护好查干湖这块"金字招牌"、保护生态和发展生态旅游相得益彰的重要指示，体现了党中央对查干湖的重视与关怀，具有重大的里程碑意义。

1. 坚持科学育投，确保大水面顺利开发

立足长远发展，坚持可持续发展战略，坚持大水面开发和渔业生态综合开发的发展思路。2019 年，查干湖以国家级良种养殖基地为依托，坚持走以人工投放为主，以自然增殖为辅的生态有机模式化养殖之路，达到了从苗种养殖到餐桌都保持有机食品品质。加大苗种投放规模，共投放花白鲢等各类名优鱼种 2 090 万尾，投入资金 1 221 万元，保质保量地满足了查干湖大水面开发苗种投放的需求，实现了自给自足。此外，在苗种投放上打破过去品种少的模式，投放了一定数量的草鱼、大白鱼、银鱼等名优鱼类，丰富了产品品种，满足了广大消费者的不同需求。

2. 合理捕捞，涵养资源

为实现查干湖渔业资源的永续利用，查干湖合理安排部署渔业生产。明水期科学制定各生产组捕捞作业规划，安排地笼生产、浅水域小型成鱼拉网、大眼拉网、浅水域人工拉虾以及秋季银鱼生产。同时，科学适度开发银鱼资源，通过投放银鱼卵有效地调整了湖内的生态链结构，减少湖内低值野杂鱼比例。采用先进的生产技术，明水期的生产实现产值 1 280 多万元。

冬网生产做到前、后方统一指挥，生产管理、销售服务协调一致，以销定产，明确任务，落实责任，齐心协力，实现冬捕活动、生态保护与旅游经济发展的有机结合。冬捕节期间科学决策，以销量定产量，合理安排，留出空间让鱼类资源休养生息，实现了经济可持续发展。通过冬捕生产情况看，湖内鱼产品密度大、个体大、品种全，低值的小白鱼逐步被经济鱼类取代，渔业资源发展后劲充足。

3. 围绕绿色生态，全力推进旅游业发展

查干湖全面贯彻落实习近平总书记视察查干湖时关于绿水青山、冰天雪地都是金山银山的重要指示精神，深刻认识总书记视察对查干湖未来发展带来的历史机遇，守护擦亮查干湖这块"金字招牌"，依托查干湖丰富资源，积极发展生态旅游，提供更多优质生态产品，满足群众日益增长的生态旅游需求，探索一条经济社会发展和生态环境保护双赢的发展之路，充分发挥渔猎文化品牌优势，做足冰雪文化文章，把查干湖打造成松原市、吉林省乃至全国生态优先、绿色发展的先行区、示范区（彩图 47）。

4. 抓项目远谋划，基础设施得到大提升

查干湖渔场围绕生态保护、生态旅游基础设施开发，制定了创建

国家 5A 级旅游景区提升的相关规划。2019 年查干湖渔场多方筹措、积极推进，全年完成投资 16 500 万元，提高生态保护能力、旅游承载能力和居民民生质量的 7 个项目全面开工建设。查干湖生态环境更加优美，旅游功能更加完善，"金字招牌"更加明亮。在企业发展中，查干湖牢牢把握总书记提出的把保护生态环境摆在优先位置，坚持绿色发展的要求，牢固树立社会主义生态文明观，严守"生态红线"，加大生态保护力度，守护好查干湖的绿水青山。

（二）效益分析

1. 经济效益

从经济产值看，2017 年，查干湖渔场生产总值突破 2 亿元，其中生产商品鱼 5 300 吨，渔业产值 7 000 万元；旅游业、个体工商及其他产值 1.1 亿元。2018 年，渔场生产商品鱼 6 200 吨，渔业产值 9 100 万元。2019 年，生产总值 3.18 亿元，其中渔业产值 8 000 万元。

从旅游接待情况看，2017 年，查干湖接待游客 150 万人次，旅游综合收入近 10 亿元。2018 年整个冬捕节期间，游客量就达 120 万人次之多。旅游业的兴旺发达，促进了渔旅融合发展，为餐饮、文化、酒店等产业注入了生生不息的活力。

查干湖生态渔业的快速发展有助于推动共同富裕，渔场职工年均可支配收入接近 3 万元，同时查干湖渔场冬捕可带动周边村民致富，渔民家庭经营渔家乐每年可获得十几万元的收入，整个冬捕期间也给周边村民带来临时工作机会，人均临时收入可达 4 000 多元。

2. 生态效益

20 世纪 50—60 年代，查干湖上游的主要水源霍林河断流和连年干旱，致使湖水近于干涸，盐碱泛起，水域广阔的查干湖逐渐萎缩成池塘；再加上当时过度捕捞，湖内水产几近消失，甚少再有规模性的鱼虾产出。1976 年启动"引松入查"工程，到 1984 年挖通引松渠，至此查干湖的自然生态环境逐渐恢复。1992 年后每年向查干湖投放鱼苗，实行轮捕轮放、抓大放小，鱼类资源、动植物资源日渐丰富，湖内生态系统得以稳定和根本改善。

3. 社会效益

随着"冬捕节"品牌的知名度和影响力不断提升，查干湖冬捕这一世界奇观为更多的国内外游客所熟知。冬捕节期间，渔家乐餐馆、家庭旅店的营业及带来的新的工作机会，既提高了查干湖的旅游接待能力，又让职工群众切身享受到了旅游业发展带来的可观收入，提升他们的获得感，促进了渔民增收、渔区稳定。2018年，习近平总书记在查干湖考察时强调，绿水青山、冰天雪地都是金山银山；保护生态和发展生态旅游相得益彰，这条路要扎实走下去。这一重要指示加快了查干湖转型升级的步伐，为生态文明建设提供了方向和实现路径。

三、庐山西海生态渔业

（一）基本情况

1. 自然资源条件

庐山西海生态渔业-江西山水武宁渔业发展有限公司

庐山西海，原名柘林水库，位于江西修河流域中上游，处于幕阜山脉和九岭山脉之间，西接修水，地跨永修和武宁两县，是江西最大的一座秀美壮观的人工湖泊，省级地质公园。

庐山西海的集水区面积 9 340 千米^2，水域总面积 308 千米^2，约 46 万亩。其中，庐山西海（武宁辖区）约 34 万亩（含 1 万亩土坝库湾），庐山西海（永修辖区）约 12 万亩。庐山西海平均水深 45 米，总库容 79.2 亿米^3，为亚洲库容最大的土坝水库。近年来，庐山西海库区水质总体水平恢复到地表水 Ⅱ类以上水平，水质优良。

2. 周边区域社会经济状况和周边渔民从业情况

庐山西海（武宁辖区）由武宁县与永修县分界线上溯至澧溪镇下坊电站大坝，周边涉及 13 个乡镇，总人口约 36.39 万人。其中，城镇人口 7.60 万人，农村人口 28.79 万人。

20 世纪 90 年代，受政府鼓励网箱养殖和库湾开发等产业政策影响，庐山西海（武宁辖区）水产养殖迅猛发展。至 2008 年，庐山西海（武宁辖区）拥有网箱达 2.5 万箱，土坝库湾 345 座。由于网箱养殖和库湾养殖均投入了大量的饲料，对庐山西海（武宁辖区）水质保护造成了巨大的压力。为此，自 2009 年以来，武宁县政府启动了"清网行动"，对庐山西海（武宁辖区）网箱和库湾养殖进行了清理。至 2012 年，2.5 万个网箱和 345 座库湾养殖基本清理完毕。

2020 年 1 月 1 日起，庐山西海鳜国家级水产种质资源保护区全面

禁捕，可捕捞水面仅剩下 10 万亩。截至 2020 年 5 月，庐山西海（武宁辖区）的近 490 名持证专业捕捞渔民已经全部妥善安置。其中，123 名通过就业安置的方式成为江西山水武宁渔业发展有限公司的员工，其他渔民全部选择了自主创业、外出务工或养老保险。

（二）庐山西海（武宁辖区）产权和经营主体

1. 产权情况

庐山西海（武宁辖区）水域属于国有水面。2012 年 12 月，武宁县人民政府设立了县属国有企业——江西山水武宁渔业发展有限公司，将庐山西海（武宁辖区）34 万亩水域的水产养殖经营权划归该公司统一管理。

2. 经营主体情况

江西山水武宁渔业发展有限公司 2016 年初成为江西省水投生态资源开发集团有限公司的控股子公司，注册资本 2 000 万人民币。其中，由江西省水投生态资源开发集团有限公司控股 65%，武宁县国有资产管理局占股 35%（其中包括拟出让给持证专业捕捞渔民的股份 8%，目前由政府代为持有）。

公司经营范围包括水产养殖；水产品销售、储运、加工；有机产品品牌推广和打造；旅游业投资和水库综合开发与投资；房地产开发；农产品种植、加工、储运、销售；水利基础设施建设与投资，水资源保护、管理、开发（依法须经批准的项目，经相关部门批准后方可开展经营活动）。

（三）生产经营模式

1. 生产模式

为保护庐山西海（武宁辖区）的"一湖净水"，公司坚持"以渔净水、以水牧渔"的发展理念，按照"不投饵、不施肥、人放天养"的生产模式，大力发展有机生态渔业（彩图 48）。一是切实加大鲢、鳙等滤食性鱼类的人工增殖放流力度。2016 年至 2019 年 3 月，公司在庐山西海（武宁辖区）先后投放了 87.68 万千克规格为 0.3～0.75 千克/尾的鲢、鳙鱼种，总投资达到 1 210 多万元。二是坚持实施"百日禁港休渔"制度。自 2016 年以来，每年的 4 月 1 日至 7 月 10 日，公司对庐山西海（武宁辖区）的武宁大桥上溯至下坊电站大坝之间的水域及各支流实施了为期 100 天的禁港休渔，每年均派出 100 多名员工在禁港休渔区域进行 24 小时值守，严厉打击在禁港休渔区域的违规垂钓、私自下网偷捕（盗）和电鱼、毒鱼、炸鱼等违法行为。三是对庐山西海棍子鱼等特色水产品资源给予特殊保护。2018 年 2 月，针对庐山西海特色水产品——棍子鱼种群资源急剧衰退的现状，公司下发专门文件对其予以禁捕特殊保护，并在棍子鱼繁殖季节派人对其产卵场进行定点守护，禁止任何单位或个人进行捕捞生产作业。

2. 销售渠道

根据国家禁捕、退捕要求及市场监管局等部门文件精神，武宁渔业公司已经解散野杂鱼捕捞队，从 2020 年 1 月起不再捕捞、销售野杂鱼，公司在非禁捕区捕捞的有机鳙等系列产品，则通过末端经销商等渠道，销售到武汉、南昌、杭州、上海、广州等大中型城市。

3. 品牌建设

2017 年，庐山西海（武宁辖区）养殖基地获得了"农业部水产健康养殖示范场"称号，被认定为"无公害农产品"，被江西省农业厅授予"无公害农产品产地"称号。另外，鳙、草鱼、鳜、黄颡鱼、鲤、蒙古鲌、翘嘴鲌等 11 个品种已通过国家有机食品认证，取得了国家有机食品认证证书。2020 年 11 月 23 日，水投渔业企业品牌与千发集团、查干湖渔场等 62 家企业，在 2020 年中国水产品大会上荣获"中国农业品牌公共服务平台水产品推荐品牌"殊荣；2021 年 4 月，"西海鳙鱼"正式纳入农业农村部公布的《全国名特优新农产品名录》。

4. 三产融合情况

公司在进行生态养殖、品牌营销的同时，正积极探索"渔业、文化、旅游"相结合的全产业链经营模式，挖掘传承渔业文化，大力发展休闲渔业。目前，公司投资 5 000 多万元，启动了庐山西海水上休闲垂钓综合平台项目建设，已初步建成了一个高标准、高档次的集休闲垂钓和旅游观光相结合的水上综合平台。2017 年，公司被农业部授予"全国精品休闲渔业示范基地"称号。另外，公司已投资 1 800 多万元，购置了一个占地 50 余亩、建筑面积 2.5 万余米^2 的空置工业企业，计划再投入 4 200 余万元，改建成一个现代化的淡水产品精深加工企业。

（四）主要经验做法

1. 吸纳持证专业捕捞渔民为公司员工，实现持证专业捕捞渔民的转产转业

庐山西海（武宁辖区）原有持有合法捕捞证的专业捕捞渔民 490 人。2017 年以来，公司积极配合武宁县人民政府及相关职能部门，根据渔民自愿原则，一次性吸收有就业意向的渔民到公司上班，签订劳动合同，接受公司管理。目前，公司已完成 483 名持证专业捕捞渔民的安置工作。其中，公司安置就业 411 人，因个人原因主动放弃公司就业安置而另谋职业的 72 人。另外，公司还接纳安置了非专业捕捞渔民 60 余人（次）。此外，公司还对持证专业捕捞渔民的渔船与渔网渔具进行了评估收购，累计收购大小渔船 1 100 余艘，麻网 10 000 余条，丝网 50 000 余条，其他渔具 5 000 多件，公司支付渔船渔网渔具评估收购资金达 2 400 多万元。

2. 精心组织实施"百日禁港休渔"，迅速恢复庐山西海（武宁辖区）渔业资源

自 2016 年以来，每年 4 月 1 日至 7 月 10 日，公司庐山西海（武宁辖区）自武宁大桥上溯至下坊电站大坝区域实施"100 天"的禁港休渔，取得了良好成效。此外，公司 2016 年、2017 年连续两年未对库区开展大规模捕捞作业生产，有效地促进了库区渔业资源的快速恢复。

3. 切实加大鲢、鳙等滤食性鱼类的投放力度

自 2016 年以来，公司严格按照武宁县《庐山西海（武宁辖区）生态渔业发展规划（2013—2020）》的要求，先后在庐山西海（武宁辖区）水域先后投放了规格为 0.3～0.75 千克/尾的鲢、鳙鱼种 87.68 万千克，累计投入资金 1 257.42 万元。另外，由武宁县渔业部门组织实施的人工增殖放流，每年都会投放鲢、鳙等鱼种数十万尾。

4. 规范渔业生产秩序管理，切实加强庐山西海（武宁辖区）渔业资源养护

为了有效地控制庐山西海（武宁辖区）水域的偷捕（盗）现象，严厉打击违法电鱼行为，公司成立了一个拥有 50 多名员工的巡湖大队，并购置了巡逻艇、冲锋舟等工作用船，对庐山西海（武宁辖区）水域进行 24 小时巡护。另外，公司的巡湖大队与武宁县渔政总站、武宁县公安局水上分局建立了良好的联勤协作机制，先后查处了违法电鱼行为200多起（其中，行政拘留60余人次，刑事拘留10余人次）。为此，公司于2017年投资200余万元，在庐山西海（武宁辖区）水域周边建设了30个点的天网工程。武宁县公安局水上分局招聘了10名辅警，用于维护水上秩序，打击非法捕捞行为。自2016年以来，在武宁县渔政总站、武宁县公安局水上分局等执法部门的配合和支持下，累计查处违法电鱼行为270余起，收缴偷捕（盗）网具3 000多条，电鱼设备近300台（套），收缴钓鱼竿1 000多根（含在禁港休渔区违规垂钓），有效地保护了庐山西海（武宁辖区）水域渔业资源。

5. 建立和实施限量捕捞和预警捕捞制度，对庐山西海特色水产品资源予以特殊保护

2016年和2017年，为了促进庐山西海（武宁辖区）渔业资源的快速恢复，公司在庐山西海（武宁辖区）水域没有开展捕捞作业。2018年，根据庐山西海（武宁辖区）水域鱼类资源恢复状况，公司制定了具体的捕捞生产计划，将蒙古鲌、鳘、黄尾鲴、翘嘴鲌、鲤等天然野生鱼类的计划捕捞产量限制在50万千克以内，当年实际完成天然野生鱼类捕捞产量31.1万千克，严格按照计划实施了限量捕捞和预警捕捞制度。其中，蒙古鲌产量10.5万千克，鳘产量9.5万千克，黄尾鲴产量4.8万千克，翘嘴鲌产量4.3万千克。此外，针对庐山西海特色水产品——棍子鱼种群资源急剧衰退的现状，公司于2018年2月印发了《关于进一步保护棍子鱼种群资源的通知》，对棍子鱼实施了禁捕的特殊保护措施，并规定不得在棍子鱼产卵场实施捕捞作业，在棍子鱼繁殖季节派人对其产卵场进行定点守护，禁止任何单位或个人进行捕捞生产作业。

庐山西海鳜国家级水产种质资源保护区自2020年禁捕后，为了有效保护好、利用好保护区和非保护区资源，武宁渔业公司与中国水产科学研究院长江水产研究所签订了战略合作框架协议。在框架协议下，每年由长江水产研究所对庐山西海进行资源量调查，并编制《庐山西海渔业资源养护与群落结构优化调控方案论证报告》，通过权威科研机构的辅助，让公司经营和水资源利用得到持续、健康和科学发展。

6. 积极推动渔旅产业协调发展，促进武宁旅游经济产业发展

公司在进行生态养殖、品牌营销的同时，积极探索"渔业、文化、旅游"相结合的全产业链经营模式，努力挖掘传承渔业文化，大力发

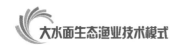

展休闲渔业。一是编制了武宁县渔文化产业示范园建设概念性规划，正在积极向政府要求解决项目建设用地；二是在配合武宁县政府清理整顿庐山西海（武宁辖区）非法浮动式钓鱼平台设施的基础上，投资5 000余万元，建立高标准的环保、安全的休闲垂钓设施，打造一个高标准、高档次的休闲垂钓和旅游相结合的服务基地。2017年11月，公司获得农业部办公厅授予的"全国精品休闲渔业示范基地"称号。下一步，公司还将进一步配套推进"巨网捕鱼""体验式捕捞作业"等旅游观光项目，以期带动武宁旅游经济的快速发展。

（五）效益分析

1. 经济效益分析

公司2016年销售额52万元，利润－310万元；2017年销售额161.18万元，利润－518.90万元；2018年销售额1 537.28万元，利润－311.45万元；2019年销售额2 992.45万元，利润－1 923.61万元。2020年开始扭亏为盈，当年销售额2 779.11万元，利润209.53万元；2021年销售额3 630.41万元，利润1 210.81万元。

2. 生态效益分析

目前，庐山西海（武宁辖区）水质保持在地表水Ⅰ类、Ⅱ类标准。2019年2月，生态环境部公布了2018年度54个重点湖泊、水库水质监测结果，庐山西海武宁辖区水域的杨洲乡界牌断面监测点的水质符合地表水Ⅰ类标准，综合排名为第二位，仅次于云南省泸沽湖。另外，庐山西海（武宁辖区）水生生物多样性得到了良好的保护，鱼类资源亦得到了快速恢复，基本实现了庐山西海（武宁辖区）水域水质保护与水生生物多样性保护统筹协调的发展目标。

3. 社会效益分析

先期实现了近490名持证专业捕捞渔民的就地转产转业。通过就业安置的办法，除了72名自行转产转业外，411名持证专业捕捞渔民成为公司正式员工；后期因禁捕、退捕，依然安排了123人就业，公司走入现代企业管理模式，社会影响力得到较大提升。

带动了武宁旅游经济的快速发展。通过加强庐山西海（武宁辖区）鱼类资源的恢复和保护，加快发展水上休闲垂钓和体验式观光等业务，有力地带动了武宁旅游经济的快速发展。据不完全统计，每年到庐山西海（武宁辖区）从事水上休闲垂钓的消费者已突破了30万人次。

四、三峡水库生态渔业

三峡水库生态渔业-
重庆市三峡生态
渔业股份有限公司

（一）重庆三峡渔业经营模式

长江上游流域大水面资源丰富，其中重庆地区尤为典型。据统计，2018年，重庆大水面渔业总面积46.5万亩，水产品产量4万吨，约占全市水产品产量的1/10，平均单位产量为86千克/亩，主要有水库、河沟和围栏养殖三种养殖模式，其中水库养殖面积2.9万公顷、河沟养殖面积2万亩、围栏养殖面积2万亩（彩图49）。在重庆大水面渔业资源生态化产业利用中涌现出了诸多典型，重庆市三峡生态渔业股份有限公司（下文简称三峡渔业）就是最具代表性的企业之一。

1. 三峡渔业经营模式

（1）基本情况 三峡渔业为重庆市农业投资集团有限公司所属国有公司，注册资本8 050万元，是重庆市级农业产业化龙头企业，专业从事江河生态鱼增养殖和交易市场服务。主要水产品为鲢、鳙，拥有"三峡鱼""甲天下"两个品牌。2019年，公司拥有使用权的水域面积6万余亩，年产量130余万千克，并建成了集淡水鱼仓储、交易、分拨、信息服务的交易市场，供给重庆主城和周边城市90%的淡水鱼需求。

（2）发展历程 公司发展大致分为酝酿与探索两个阶段。一是2004—2009年的酝酿阶段。为发展三峡库区经济，以保证水质为前提，国家发改委、三峡办、重庆市等对三峡库区水域牧场或渔业发展规划进行了科学论证研究，最终决定在三峡库区进行生态渔场及水域牧场建设。二是2010以来的探索运行阶段。2010年，重庆市农业投资集团正式组建重庆市三峡生态渔业股份有限公司，选点忠县龙滩河、干井河等支流库湾开展生态养殖先行先试的水域牧场建设，并在万州、涪陵、合川和甘肃文县等拓展了水域牧场。2012年"三峡鱼"获有机产品认证，2013年成为重庆市名牌农产品，2017年成为重庆市著名商标。

2. 经营模式

（1）经营机制 子分公司功能协作、组织离散、独立核算。三峡渔业公司成立了4个分支机构和5个法人子公司，分别按独立功能负责种苗繁育、商品鱼养殖和品牌鱼销售及交易市场服务，其余功能由母

公司统筹协调，如集中采购、集中销售和人事调度等，并建立独立核算和目标绩效统一的分配机制，激发各子分公司的自主责任与创造动力。

（2）大水面产权　水域资源获取。在10年前，公司以一定费用（5万元/户）的基本费出资由政府牵头对支流水域的传统作业渔民予以转产上岸或异地捕捞的补偿或征求渔民意愿以此补偿费用投入公司入股，享受具有保障性的红利。属地政府对这些水域通过测量、评估和招标，按10～30年不等参照土地使用权方式一次性出让，三峡渔业公司取得水域使用权后一次性向地方政府交纳水域的出让金。三峡渔业按生态养殖的政策法规实施项目建设模式的专家评审、环保备案、水利勘查评价定点、港航许可、养殖证办理等法定程序后，着手探索没有先例，也没有成功案例借鉴的江河型全生态养殖。

（3）生产模式　"三不投"。根据西南大学、中国科学院水生生物研究所和中国水产科学研究院长江水产研究所等对区域水域条件的研究及三峡渔业公司对具体水域实际调查，食用商品鱼最终按20～50千克/亩的产量设计。实行"不投饵、不投肥、不投药"的"三不投"分级生产放养管理，完全实现"人放天养"，并统筹分域分段捕捞调节存量密度、开展轮捕轮放，充分利用有限水域和天然饵料增加单位产出。小规格鱼种由池塘培育，由水花培育到规格为80～100尾/千克；大规格鱼种由小型库湾培育，培育到规格为2～4尾/千克；商品鱼由大水体库湾自由放养到1.5千克/尾以上起捕上市。

（4）生产管理　标准示范＋代养合作。三峡渔业通过建立生产管理、产品、流通全过程标准体系，成为"国家三峡鱼生态养殖综合标准化示范区"，并形成委托－监管机制实现了生产标准的严格落实。具体做法是子、分公司与水域所在地的合作社或村集体签订委托管理（代养）合同，如公司与忠县银恒、玉水水产养殖合作社签订合同，形成的"公司＋合作社"的产业发展模式。合作社或村集体的农（渔）民按三峡鱼养殖标准进行巡护、管理、捕捞等作业，分享工资性的收入和生产盈余成果的分配，子、分公司派出专业技术人员对合作社的管护全程进行指导和监督管理，母公司质量技术与安全部门进行随机检查，以实现严格按照统一投种、统一标准、统一生产的"三峡渔业"管理模式保障水域良好生态环境和鱼产品的有机质量。

（5）产品营销　质量导向。公司瞄准追求"品质、品味、品牌"统一的用户，针对优质鱼食材的特殊性，定位以餐饮消费为主、家庭消费为辅，建立"公司＋经销商＋餐饮"辅之线上宣传与数据集成的专业化渠道模式。生产流通端全程实施 ISO9001、农垦农产品质量追溯和有机产品标准质量体系控制，并建立了内控自检、第三方检测和政府职能部门法定抽检的管理机制，保障产品进入终端的良好质量。消费市场端，按标准进行评价合格后授权其以"三峡鱼"品牌进行菜品推广，目前"三峡鱼"销售区域已突破 10 个省份，水煮三峡鱼和每人每锅烫涮等菜品深受消费者喜爱，如在北京市场的水煮三峡鱼连续多次荣登大众点评必吃榜。

（二）效益分析

1. 经济效益

（1）坚守品质底色，产品供不应求　公司从一开始就立足于常规品种高品质鱼进行市场品牌打造，使高品质水产品市场价格得到充分体现。按照江河型"人放天养"的"三峡鱼"品质明显优于普通的产品，持续获得有机认证、"中国农垦"背书品牌、"2016、2017 最具影响力企业品牌""重庆名牌农产品""重庆市著名商标""第十六届中国国际农产品交易会金奖"等，备受市场青睐，价格约是同类普通水产品的 3 倍，且供不应求，市场潜力巨大。

（2）坚持品牌经营，效益持续向好　2018 年及以前，有机"三峡鱼"产品年销售收入 4 700 余万元，毛利润 1 000 余万元，带动加工流通环节产值约 3 000 万元和餐饮等环节产值 1 亿元。2019 年，通过质量化、绿色化、品牌化深化发展，效率、效益进一步提升，实现销售 124 万千克，同比增长 14.3％，实现收入 5 800 万元，同比增长 23％。

2. 社会效益

（1）共享组织优势提升管理效率　与外聘"专业高知"人员相比，合作社组织形式更加灵活，融合国企规范管理和技术优势得到合力的发挥，同时充分利用了"农户"熟人社会的优势和管理制度设计，有效减少了"偷鱼"行为。

（2）共享合作带动当地产业振兴和农民增收　三峡渔业已经形成较完善的产业链，促进了种苗繁育、船网制造、交通运输、餐饮制作与服务等的发展，仅养殖就业带动年人均增收 40 000 余元，平均每

10 000亩水面可实现产值1 000余万元，带动商贸与服务业全产业链价值6 000余万元，带动直接养殖、流通和商贸就业450余人。为现有的长江禁捕和渔民退捕生计重构提供了一个可行的解决方案。

3. 生态效益

通过科学论证、合理设计投苗、加强生态监测与管控等，发挥鲢、鳙的净水、碳汇效应，保持和改善了大水面水域水质透明度、降低了氨氮等营养物质量。环保动态监测数据表明，"三峡鱼"生产模式改善生态环境效应明显。如与2010年相比，2018年忠县干井河、龙滩河水域牧场四个监测断面综合污染指数分别下降48.27％、27.27％、46.57％和29.26％。此外，中国科学院水生生物研究所和西南大学联合研究表明，三峡渔业经过10年探索建设的生态水域牧场不但没有带来水环境的污染，反而改善了水质，提高了生物多样性，促进了生态与产业经济的示范发展。

五、新疆天蕴大水面生态渔业

（一）新疆天蕴大水面渔业特点

新疆天蕴大水面
生态渔业-新疆天蕴
有机农业有限公司

新疆天蕴有机农业有限公司成立于2014年2月，位于新疆伊犁哈萨克自治州尼勒克县喀拉苏乡，以淡水三文鱼（虹鳟）生态养殖、生态种养技术开发与应用以及储存、保鲜、加工与综合利用为主要业务。公司注册资金2.6亿元，员工100余人。依托喀什河流域水库，建成高效绿色生态养殖网箱面积70 000米²、现代化集约化的繁育车间1 200米²，年可繁育三文鱼苗种800万尾、三文鱼产能6 000吨。获得"农业产业化国家重点龙头企业""数字渔业"等荣誉及建设项目（彩图50、彩图51）。

1. 科技支撑，科学合理投苗

针对"网箱"养殖三文鱼的生产模式，与中国水产科学研究院长江水产研究所、上海海洋大学、新疆维吾尔自治区水产科学研究所等科研院校合作，制定了多个标准，包括种苗繁育、养殖、加工等全套企业标准（如《绿色生态冷水鱼深水网箱养殖技术规范》Q/XTY 0004S—2018）和地方标准如《绿色生态虹鳟鱼环保网箱养殖技术规范》DB65/T 4141—2018），并基于环境标准评估了水体初级生产力，据此科学控制和布局了网箱数量及单个网箱投苗量，并加强监管保障标准在生产管理中的应用，在生态优先前提下合理平衡了大水面生态容量与经济效益。

2. 智慧投饵，提高资源利用率

针对传统大水面养殖人工投喂难、成本高的问题，研发并应用了远距离智能投饵系统，可实现根据水温、溶氧以及鱼的生长周期等做到精准投喂，既节约人力，又提高饵料效率和降低污染负担。

3. 水质监测，提供科学决策依据

公司在养殖区域上游和下游均设有水质监测点，实时、连续向公司及环保、渔业等部门传递数据，为区域环保督查、公司污染治理决策等提供了科学依据，同时实现了生产管理精准化、运营管理高效化、管理保障综合化。

4. 疏堵结合，污染物收集处理

一是拦污浮桥。在上游设置30米深的拦污浮桥，保障流入水源的质量。二是网箱底部大型网箱废弃物收集装置，对养殖过程中产生的残留物做到了及时收集，变废为宝。三是网箱底部库底污泥两类收集装置。利用气提法将养殖车间底部的沉积污物抽出集中回收。底部吸污装置由吸污排管、水下摄像机、支撑架、吸污软管、曝气室、曝气管、气泵、集污箱等。

水库底部一般为泥质或沙砾底质，养殖车间排泄物80%以上集中呈悬浮状态沉在车间底部，使用带支撑架的底部吸污装置在车间底部及下游来回拖动，吸污排管会将悬浮物吸入吸污管内，通过吸污管抽到水面进入集污箱，集污箱满后经过沉淀将上层清水使用虹吸法抽出，底部干物质装箱运回做岸上果园有机肥，实现了种养循环。

通过对废弃物及库底富营养沉积物（包含养殖及天然形成部分）的收集，使废弃物及富营养沉积物收集总量大于因养殖生产而产生的富营养物质。

5. 放养鲢、鳙，削减富营养物质

在环保措施的基础上，除了网箱内养殖经济鱼类，公司在网箱之外的水域进行增殖放流，每年放流具有滤食性的鲢、鳙等达30余万尾，并控制好放流的品种、规格、数量，配以恰当的管理措施（如网箱之外不投饵），不但不污染水质，反而有效消减了氮、磷等营养物质，使

养殖生态环境得到平衡，增加水体透明度，活化水体功能和作用。

（二）效益分析

通过自主研发的大型环保网箱配备自动投饵机、粪污收集系统等环保装置，同时配备水质在线监测系统和监控系统等信息化技术，在尼勒克县喀什河流域温泉水电站开展以虹鳟鱼为主的冷水鱼生态网箱养殖，实现了生态、社会、经济等多重效应。

1. 经济效益，广受市场青睐

依托优质水域和质量管控，公司通过知识产权与品牌塑造、价值链拓展等，打造了高端、品质、品牌的产品形象及市场影响力。

（1）品牌响亮，市场效益快速增加　公司注册了与公司产品和品牌相关联的系列知识产权。目前标有"天蕴"商标和"天山跃出三文鱼"品牌的冰鲜三文鱼供不应求，市场效益大幅提升，销售收入由2016的4 364万元，增加至2019年的11 571万元，年增长率高达55%，同期固定资产年增长率高达118%。

（2）市场扩大，知名度不断提升　在上海、新疆等主要市场城市，设立和拥有多个餐饮连锁加盟店、三文鱼美食体验店，广受好评，扩大了"天山跃出三文鱼""鲑来"等公司品牌市场知名度。

（3）技术提升，产业链条得到拓展　通过与中国水产科学研究院长江所等合作，新疆天蕴已形成科技研发、苗种繁育、智慧养殖、加工、冷链物流、销售、餐饮服务于一体的较为完整的产业链，为新疆冷水鱼规模化生态养殖起到示范带头作用，被评为自治区"高新技术企业""水产养殖技术与装备科研成果示范基地"等。

2. 社会效益，带动就业助力脱贫

（1）带动就业，社会效应显著　公司常年聘用员工约130人，其中管理人员20人，技术人员30人，工人约80人，另外季节性雇佣当地工人60余人。此外，通过发展合作社成员方式，辐射带动4 000余农民生产、生活，成为区域吸纳就业的重要力量，增加了农牧民收入。

（2）扶贫公司，助力区域脱贫攻坚　一方面，公司优先聘用贫困户，每年为当地贫困人口提供就业岗位100余个。另一方面，成立扶贫性质的新疆鱼水情农业开发有限公司。2017年公司与喀拉苏乡609户农牧民共同出资（每户1万元）成立扶贫公司，开展农产品收购、加工、销售，开展乡村旅游、农村电商、劳务输出等项目，使农牧民成

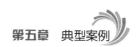

为股东。2018 年每户分红 3 000 元，且保障以后每年每户分配股利 3 000 元以上。通过创新机制与合作带动辐射，助推国家级贫困县——尼勒克县 2018 年成功摘帽。公司产业扶贫先后被央视多次报道和入选国家网信办、工商联等典型案例。

3. 生态效益，水质及生态良好

通过污染源控制、污染物治理，公司取得了明显的生态效应。

（1）养殖水域水质向好趋势明显　拦污浮桥每年能拦截养殖区上游的枯木杂物 140 余吨。放养鲢、鳙等滤食性鱼类有效削减了氮、磷等营养物质，提升了水体透明度。精准投喂技术提高饵料资源利用率约 80%。养殖网箱或车间污染物集中处理设备年处理沉淀物 700 吨，转化有机肥达 800 吨。

（2）环保压力下养殖水域完整保留　在 2018 年以来全国诸多大水面面临较大环保压力的严峻形势下，天蕴公司承包水域未受任何负面影响，这主要得益于生态优先前提下的合理利用，公司养殖水域生态环境保持稳定。据公司向生态环境等部门共享的水质实时监测数据，2019 年养殖区上游较养殖区下游各监测点水平基本无变化，营养物质整体水平基本无变化。

（3）先后获得多项生态绿色认证　公司实现了养殖绿色化、加工废弃物的减量化，荣获多项相关认证，包括"环保荣誉企业"、农业农村部"水产健康养殖示范场""绿色食品""有机食品"、CQC 中国质量认证中心"HACCP 体系认证"等认证。

六、连环湖大水面生态渔业

（一）连环湖基本概况

连环湖是黑龙江省最大的内陆淡水湖，是由乌裕尔河和双阳河河水滞留形成的大型湖泊群，位于松嫩平原杜尔伯特蒙古族自治县境内，由霍烧黑泡、西葫芦泡、二八股泡、敖包泡、羊草蒿泡、他拉红泡、铁哈拉泡、那什代泡、牙门气泡、北津泡、六河沟、九河沟、马圈泡、德龙泡、小尚泡、红源泡、四合后泡、小东湖共计 18 个湖泊联合组成，总面积达到 840 多千米^2。

连环湖水域属北温带大陆性季风气候，是以防洪、渔苇养殖为主的湖泊水库。流域位于松嫩平原中部最低平的部分，地势开阔平坦。

其水源除乌裕尔河和双阳河自然补水外，主要依靠二道桥引水渠、乌台北桥引水渠和"八一"幸福运河自嫩江引水。连环湖水域是黑龙江省"引嫩工程""中国千亿斤粮食增产能力规划"和"东北地区振兴规划"中重要水资源配置工程的有机组成部分，在区域水文气候调节、水土资源维系、农牧渔业发展和生态环境保护等方面发挥了重要作用。

（二）连环湖渔业历史和现状

连环湖及其周边水域渔猎文化历史悠久，早在四千多年前北方少数民族就在这一区域以渔猎为生。新中国成立以后，区域内的泡沼得到综合开发和治理。1958年连环湖水域成立"商业局水产养殖场"，隶属杜尔伯特蒙古族自治县商业局；1959年划归黑龙江水产局，同时命名"连环湖水产养殖场"；1984年下放地方归杜尔伯特蒙古族自治县直管；1997年正式改制为大庆连环湖渔业股份有限公司。

连环湖独特的地理位置和气候条件为动植物的繁衍创造了条件。《中国湖泊志》记录连环湖鱼类物种41种，《黑龙江省渔业资源》记录物种38种，《中国湖泊调查报告》记录连环湖水生维管束植物54种。2020年中国水产科学研究院黑龙江水产研究所调查浮游植物7门217种，浮游动物4类102种，大型底栖动物75种。由此可见，连环湖饵料生物资源比较丰富，为湖泊渔业生产提供了有利条件。连环湖渔业生产初期，以鳜、鲤、鲫、红鳍鲌等土著经济鱼类捕捞为主，随着湖泊水环境的改变及渔业活动的加剧，土著鱼类资源逐渐衰退。为充分利用连环湖的水生生物资源，增加渔业产量，20世纪90年代前后，连环湖陆续引入鲢、鳙、大银鱼、河鲈等经济鱼类，形成以经济鱼类增殖为主的渔业模式。2006年大银鱼首次形成产量，2016年后成为连环湖主要的渔业生产对象之一。目前连环湖逐渐形成以鲢、鳙、大银鱼为特色，多种土著经济鱼类组合增殖的渔业生产新模式。

大庆市连环湖渔业股份有限公司始终秉承水资源开发与保护和谐发展理念，引进科学的养殖、捕捞和管理技术，重视长短期效益的结合，积极提高连环湖水域生态水位，实施轮捕轮放，提高水体单位鱼产量。目前，为进一步发挥连环湖的生态优势，连环湖渔业公司与中国水产科学研究院黑龙江水产研究所开展多维合作，努力推动特色渔业增殖，加快水产品品牌建设、水产品深加工和休闲渔业产业发展，促进"三产"全方位发展和融合，开发渔业技术模式，优化渔业产业结构，调整渔业管理策略，从而维护水域渔业生产和资源的可持续发展和利用，保障水域社会属性和生态属性的充分发挥。

（三）连环湖渔业的做法和经验

1. 加强科研攻关，优化资源配置

连环湖地貌结构为北高南低，南北长60千米，东西宽30.5千米，湖底平坦，纵横百十里，北部湖区与嫩江相连通，土著鱼类资源丰富，鱼类群落组成主要以银鲫、葛氏鲈塘鳢、湖鲹、红鳍鲌、乌鳢、黄颡鱼、鳌、花鳍、鲇、黑龙江泥鳅、马口鱼、黑龙江鳑鲏等土著鱼为主。为充分利用连环湖丰富的渔业资源，优化资源配置，在国家、省、市渔业部门大力推动下，连环湖渔业公司开展科技攻关，逐步实现了翘嘴鲌、蒙古鲌、鳜等多种土著经济鱼类的人工授精、孵化、人工饵料培育和鱼病防治等技术难关，建立了那什代湖湾育种场。该育种场占地600亩，包括越冬池4个，育种池40个，冬季活鱼储存池900米^2，年产鱼苗上亿尾，培育鱼种75万千克，可完全满足连环湖18个湖区的苗种需求。同时，也可为杜尔伯特县及国内养殖户提供高质量苗种，为连环湖渔业的稳产和高产提供了技术和苗种保障。

近三年来，为了充分利用不同湖泡的环境特征，有针对性地开展经济鱼类增殖，提高水体单位与产量，连环湖累计投放大规格鱼种150万千克，夏花鱼种10亿尾，年产商品鱼达5 000吨。经过2年的试验，连环湖渔业公司自主设计研发的高寒地区双七双峰式越冬池已投入运行。2018年冬季活鱼周转存储5万千克，实现了冬季活鱼存储的新突破，使东北地区活鱼的四季即时捕捞随时上市成为现实，有效提升了连环湖鱼产品的市场价值。

2. 发展特色渔业，提升品牌价值

连环湖为河流漫流形成的湖沼群，草茂水肥，浮游生物、小型鱼类、虾类资源丰富，非常适合大银鱼增殖。自1995年开始移植大银鱼，连环湖大银鱼产业不断发展壮大，逐步形成了集养殖、生产、加工、餐饮于一体的大银鱼产业模式。到目前为止，连环湖水域已在大龙虎泡、阿木塔等9个湖泊约60万亩水面开展大银鱼增殖，近三年累计投放大银鱼卵150亿粒，年产量持续保持在1 500吨左右，约占全国总产量的23％。2016年杜尔伯特蒙古族自治县被中国水产流通与加工协会

授予"中国大银鱼第一县"称号，大银鱼养殖逐渐成为连环湖最具特色的渔业产业。

连环湖水质优良，水草丰茂，非常适合发展中华绒螯蟹（河蟹）养殖。连环湖渔业公司秉承科学养殖、生态优先的理念，引进了河蟹暂养技术，科学规划河蟹养殖区，同时开展稻蟹综合种养等渔业技术开发与示范，近三年累计投放扣蟹25万千克。目前，连环湖河蟹连续多年获得有机食品认证，并通过欧盟体系质量认证，产品成功进入中国香港市场，有效保障了"连环湖河蟹"的产品品质和市场价值。

3. 深化水产品加工，加快渔业产业升级

水产品深加工是渔业产业链条延伸的最高层次，大力发展水产品深加工，实现转化增值，已成为渔业经济战略性调整的重要内容，具有方向性、全局性、战略性的意义。为加快水产品深加工产业发展，连环湖渔业公司在杜尔伯特蒙古族自治县德力格尔工业园区新建渔产品加工厂1处，该厂目前主要完成对水产品的速冻和切割业务。采用先进的冷冻设备"隧道式液氮速冻机"进行速冻，速冻温度最低可达$-150℃$，产品在10分钟内完成速冻，能够瞬间锁住水产品营养和水分，能够有效保持产品的原质、原态、原色、原汁、原味，速冻后食材耐氧化效果远高于传统速冻数倍；分割产品能够满足了消费者和快捷烹饪的多样化的市场需求。渔产品加工厂的建设有效提升了连环湖优质水产品的辐射范围，拓展了连环湖水产品销售通道，实现了水产品的转化增值，标志着连环湖水产品由传统型贩卖向高附加值、精深加工、旅游内销产品转型。

4. 实施品牌渔业战略，推进渔业产业升级

大庆市连环湖渔业有限公司致力于实施"连环湖水产品"品牌发展战略，结合区域的经济发展和生态资源优势，挖掘水产品区域特质、工艺特点和文化底蕴，讲好渔业故事，全力将"连环湖水产品"打造成全国知名品牌。促进"互联网＋渔业"融合发展，开拓渔业经济新途径，推进现代渔业转型升级。

（1）发挥生态优势，创建名优品牌　连环湖渔业公司致力于品牌发展战略，已注册65种"连环湖"系列品牌商标，连环湖鳙、鲤、草鱼、银鱼、鳜、河蟹等10个品种通过有机食品认证，"连环湖"牌注册商标获得黑龙江省水产养殖著名商标，连环湖鳙、连环湖鳜等通过农

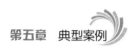

业部地理标志产品认证，连环湖鳙荣获黑龙江省农产品地理标志十大区域品牌之一。农业部授予连环湖渔业2017年最具影响力水产品企业、全国水产品最佳供应商称号。

（2）加强组织间合作，提升品牌知名度　2016年8月杜尔伯特蒙古族自治县组织召开了生态渔业发展论坛，来自农业部、全国水产技术推广总站以及湖南、江苏、江西等地的70余名业界专家、行业领军人物齐聚，共享生态渔业发展新理念。2016年以来在县委、县政府的大力支持下，分别成功举办了连环湖第一届、第二届、第三届和第四届冰雪渔猎文化节，CCTV2、CCTV9、CCTV7、新浪网、搜狐网等多家媒体全程进行了跟踪报道。CCTV2《消费新主张》、CCTV7《乡土》《时尚大转盘》、黑龙江广播电视台公共·农业频道《天天有机汇》栏目都对企业进行了宣传。2017年由杭州千岛湖发展集团有限公司、大湖水殖股份有限公司、大庆市连环湖渔业有限公司、青海民泽龙羊峡生态水殖有限公司、江西鄱阳湖豫章农业开发有限公司等全国16省份30多家大水面渔业规模企业发起的中国内陆天然水域产销联盟正式成立。联盟旨在推进全国内陆天然水域的"湖库"生态渔业发展，搭建交流合作平台和产销桥梁，打造发布了我国唯一的鲢、鳙分割加工行业团体标准。2018年，杜尔伯特县政府举办了"中国·连环湖水产生态养殖论坛"。

（3）强化区域特色，加强品牌宣传　连环湖渔业公司重点在杜尔伯特火车站、火车票印制广告，并在多个电视台滚动播出"连环湖"牌系列水产品；参加了大庆电视台竞技赛事，向全市人民及过往游客充分展现了公司的企业文化、连环湖的生态环境、绿色有机水产品的品种和品质，努力将连环湖水产品打造成为大庆"伴手礼"。

（4）积极参加展会，拓展销售渠道　加快实施"走出去"的发展战略，接触潜在客户，参加展会是最有效的方式之一。公司积极参加了在北京、天津、哈尔滨等地举办的渔业博览会，展会上利用媒体宣传连环湖水产品品牌，面对面地与大量潜在客户交流，建立稳定的客户关系。

5. 拓展销售模式，促进"互联网＋渔业"融合发展

（1）渔旅结合　2018年成立连环湖野生渔村餐饮店，采取现场挑选、即时加工的方式，通过色、香、味、形使顾客品尝到连环湖美味

的"湖鲜"，极好地宣传了连环湖品牌，提升了游客的旅行体验，提高了连环湖市场知名度。

（2）改革野生鱼直营店的销售管理模式　2018年7月公司完成了对各种鱼品直销店的改革，实现由公司直销变成加盟营销模式，采取缴纳风险抵押金和鱼品周转金制度，由加盟商自行负担房租、水电等相关费用。由原来的以宣传为主，变成现在的以宣传和销售相结合并兼顾双方经济效益的模式，公司大大降低了运营成本，同时加盟商大大提高了经营灵活性。

6. 发展休闲渔业，促进三产融合发展

（1）建设连环湖野生鱼国家标准比赛垂钓池　利用苗种基地既有资源，建设国家标准比赛垂钓池，以实现完善服务功能、宣传品牌、提高知名度，实现以钓促销，带动苗种基地周边芦苇水域及荒地资源的开发利用，为争取国家项目资金打下基础，变废为宝，拓展企业效益增长点。

（2）冰雪渔猎文旅　持续推进连环湖休闲渔业基地建设，科学规划设计，突出所在地区人文特色、地域特色，深入挖掘大水面生态渔业的文化内涵潜力，提升休闲渔业的质量层次。促进文化、旅游、体育、垂钓、观光、餐饮、康养深度融合，以"冬捕""冬钓"为主要内容，结合民俗游、冰雪风光游、温泉游的冰雪休闲渔业，把大水面生态渔业打造成渔业一二三产业融合发展、绿色发展的样板。

目前，已经连续举办五届冰雪渔猎文化旅游节。活动期间，杜尔伯特县石人沟、齐家泡湖及各乡镇等八大湖泊，交流绿色、生态、时尚，融汇传统文化、民俗祭祀、民族风情，整合各处中心湖，相继开展冬捕活动（彩图52）。

冰雪渔猎文化旅游节开展包括"祭湖·醒网·腾鱼""祈福连环湖"仪式、冰雪风筝特技表演、冬泳表演、头鱼拍卖会、出鱼口"腾鱼"展示、冰王火王表演、雪地足球、生态渔业摄影、冬季帆船运动、"冰雪骑缘"自行车赛等10余项主题活动。广大游客在观鱼、购鱼、品鱼、体验民族风情的同时，还可体验连环湖温泉景区，冰雪与温泉相结合，蒙医药与温泉相结合，温泉与园林相结合，人与湖水相融合，尽情享受扑入大自然怀抱、亲近北国风雪的情趣与愉悦。

目前，大庆连环湖渔业有限公司正向养殖生产、精深加工、经营

服务一二三产业融合为一体综合经营新趋势转变，正在探索产业发展融合新途径。

七、太湖净水渔业

太湖是我国长江中下游地区著名的五大淡水湖之一，位于长江三角洲南翼坦荡的太湖平原，太湖南北长 68.5 千米，东西平均宽 34 千米，最宽处 56 千米，湖泊水面面积为 2 338.1 千米^2，平均水深 1.9 米，最大水深 2.6 米，为典型的浅水湖泊。

太湖渔业历史悠久，是我国重要的渔业生产基地。太湖渔业经历了从天然捕捞、粗放养殖、集约化养殖到渔业与环境协调发展的过程。20 世纪 50 年代，主要渔业方式以天然捕捞为主；60 年代，逐渐形成将天然江河捕捞的鱼苗，再将繁育成功的鱼苗引入湖泊的增殖渔业模式；80 年代中期，为加速水产业发展，以网箱、网围和网栏为代表的"三网"养殖方式兴起；90 年代之后，随着人们生活水平的提高，太湖主要养殖对象由草鱼、鳊等转向了以具有高附加值的河蟹。

尽管太湖渔业取得了显著成效，但随着社会经济的快速发展，江湖阻隔、围湖造田、环境污染等人为干扰，造成了太湖渔业资源的严重衰退和生态系统的严重受损，如水体富营养化程度加剧、鱼类群落结构发生变化、生物多样性下降、生态系统完整性丧失等，太湖渔业潜力和资源持续利用受到很大影响，传统生产型渔业模式已经无法适应现代发展的需求。鉴于传统渔业模式带来的影响，政府部门开始推动传统渔业模式的转型升级，从"以水养鱼"向"以鱼养水"转变，特别是由于 2007 年的"太湖饮用水危机"事件，大规模的网围被拆除。2015 年中央环保督察试点后，开启了"三网"拆除行动。2019 年，太湖围网养殖全面拆除。截至 2020 年 10 月 1 日，整个太湖水域全面退出生产性捕捞。

近年来，各地深入贯彻新发展理念，以实施乡村振兴战略为引领，以满足人民对优美水域生态环境和优质水产品的需求为目标，坚持生态优先、强化科技支撑，有效发挥太湖渔业净水、抑藻、固碳等生态功能，协调好生产与生态的关系，积极探索推进太湖生态渔业发展并取得良好成效，形成了生态保护、产业升级、品牌建设、渔旅融合等方面相得益彰、各具特色的典型模式。

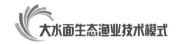

（一）渔业功能区域规划

渔业是太湖的重要功能之一，具有悠久的历史，新时期湖泊渔业在保障优质蛋白质资源供给的同时，越来越凸显发挥生态功能的重要性。湖泊生态渔业的发展必须在建设生态文明理念的指导下，合理设置生态功能区域，采取强有力的措施，切实保护和管理好水环境，加快生态恢复进程，实现渔业的可持续发展。根据湖区资源和环境的特点，设置生物多样性保护区、生态恢复保护区、湿地保护区、水草保护区、水产种质资源保护区、太湖大闸蟹人放天养生态修复区等生态功能区域，通过各生态功能区域的设定，努力恢复、保护、健全渔业生态体系。

2019年，通过科学合理的渔业功能规划，大力推进了生态渔业功能转变与结构调整，确保太湖水产品安全有效供给，渔业健康绿色发展，支撑和引领太湖现代渔业建设。重点谋划水产种质资源保护与利用、生物多样性保护、渔业生态环境监测与保护、渔业资源评估与管理等领域，推进渔业产业结构调整，促进太湖渔业从数量、粗放型向质量、集约型的转变，太湖渔业发展质量和效益显著提高，形成资源节约型和环境友好型渔业发展方式，生物多样性明显提高，太湖生物资源养护和修复能力有效增强，渔业生态环境进一步改善，实现环境更生态、品牌更响亮、产业更兴旺的目标。

（二）渔业生物控藻模式

太湖作为我国典型富营养化湖泊，蓝藻水华现象频繁发生。为有效降低水体冗余氮磷营养盐含量、减少蓝藻暴发概率、修复太湖生态系统，2013—2016年，江苏省太湖渔业管理委员会联合中国水产科学研究院淡水渔业研究中心，在竺山湾开展了"以渔抑藻"的净水渔业研究工作。2014—2016年在竺山湾、梅梁湾和月亮湾开展以渔抑藻项目，项目实施水域鲢、鳙鱼苗总产量1.49万吨，鲢、鳙的放流累计从水体中固定氮430.35吨，固定磷99.39吨，固定碳1 783.49吨。鲢、鳙的放流累计从水体中消耗藻类湿重约658.47万吨（彩图53）。

通过"以渔抑藻"模式放流至太湖的鲢、鳙形成约8.23万吨的资源量，固定氮2 694.1吨，磷621.8吨，碳9 777.93吨，截至2020年10月1日前，这些氮、磷、碳均可以渔获物的形式输出水体。另外，"以渔抑藻"模式增加消耗藻类约650多万吨。以污水处理中去除1千

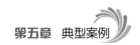

克氮 46 元，1 千克磷 230 元成本计，鱼类放流节约的间接处理费用达 2.66 亿元。该项目三年共投入经费 5 700 万元，渔获物捕捞带来直接经济效益 8.23 亿元和节约处理费用 2.66 亿元，投入产出比约为 1∶19，经济、社会和生态效益显著。

（三）渔业生物控草模式

东太湖为浅水草型湖泊，春季水温升高后容易造成水草疯长，夏季高温季节极易发生腐烂，造成水质恶化，水环境受到污染，如不及时清理，过量水草易因高温缺氧腐烂造成二次污染，对东太湖水环境造成威胁，太湖水草整治和打捞已然成为太湖水环境治理的一项重要工作。

生物控草是指利用草食性动物的摄食压力来控制水草生长的一种控草方式，这种方式不仅可以取得良好的控草效果，更能获得可观的经济效益，是一种环境友好型的绿色治理途径。

为了有效调控东太湖水草群落结构，改善水域生态环境，探索东太湖水草生物治理的绿色途径。2015 年，省太湖渔管办联合中国水产科学研究院淡水渔业研究中心，分别在东太湖石鹤港和直进港水域实施浮式围栏生态控草试验，通过投放草食性鱼类，成功实现控草目的，维护了水环境质量和水生态系统稳定，建立起了生物控草和渔业经济发展的新模式。

（四）渔业资源养护模式

为切实养护太湖渔业资源、优化太湖渔业环境，促进太湖渔业资源的增殖保护和渔业高质量发展，维护太湖水域生物多样性和生态平衡，除每年常规的增殖放流手段外，多年来还致力于太湖人工鱼巢等增殖渔业研究工作。其中，人工鱼巢作为改善水域生态环境，建设渔场和增养殖场的人工设施，可为鱼类提供良好的栖息场所，保护水生生物资源，改善水域生态环境，进而具有显著的经济效益和生态效益。

鲤、鲫、鳊、鲌等土著鱼类是太湖渔业资源的重要组成部分，占太湖渔业产量的 4.9%～12.8%（1993—2011 年），尤其是鲌属鱼类，平均产量仅 1993 年的 1/5。为改善鲤、鲫、鳊、鲌等为代表的定居性土著鱼类在太湖中的繁殖条件，为其提供黏性卵附着基和避敌场所，增加这些经济鱼类资源量，优化鱼类群落结构，通过在梅梁湖三国城水域和月亮湾水域开展人工鱼巢投放区选址布局、人工鱼巢设计、人

工鱼巢布设与维护、人工鱼巢生态修复效果评估等系列研究，建立太湖投放人工鱼巢促进生态修复的标准化和规范化的技术操作体系，并为最终建立基于渔业资源优化利用的增殖技术、基于人工鱼巢最优配置的生态修复技术、基于生态安全的人工鱼巢布设效应评估技术奠定基础。通过在太湖建立 15 000 米² 人工鱼巢示范区，成功增殖水域内的渔业资源超 100 吨，使水域渔产潜力得到充分利用，天然水域内渔业功能得到修复，资源利用效率得到提高，并为进一步推广应用奠定理论基础，从而保障水域生态系统健康和安全，提升渔业生态效益和经济效益，实现大水面渔业的可持续发展。

（五）休闲渔业发展模式

休闲渔业是把旅游业、旅游观光、水族观赏等休闲活动与现代渔业方式有机结合起来，实现第一产业与第三产业的结合配置，以提高渔民收入，发展渔区经济为最终目的的一种新型渔业。太湖休闲渔业形态可划分为三类。

一是生产经营形态。以渔业生产活动为依托，让人们直接参与渔业生产，亲身体验捕捞活动，开发具有休闲价值的渔业资源、渔业产品、渔业生态环境以及与此相关的各种活动，主要是以垂钓、观赏捕鱼等为标志的生产经营形式。在太湖磨刀湾和贡湖设置休闲渔业区。

二是游览观光形态。以走进太湖自然环境，结合旅游景点、综合开发渔业资源，"住水边、玩水面、食水鲜"，既有垂钓、餐饮，又能游览观景、休闲、度假。大风车-太湖大桥市民休闲渔业观赏区、三山岛体验式捕捞属于游览观光形态的休闲渔业。

三是科普教育形态。主要是以水产品种和习性等知识性教育和科普为目的的展示形式。苏州湾湿地、苏州海洋馆属于这种形态的休闲渔业。

八、洪泽湖河蚬增养殖渔业

河蚬肉味鲜美，营养丰富，具药用价值，可作为滋补佳品、醒酒食材和护肝药膳，自古以来被广泛增养殖和利用。近年来，随着河蚬畅销于中国、日本及东南亚等国家和地区，河蚬的养殖规模也逐渐扩大，它的人工养殖也成为淡水养殖的一个新的经济增长点。

养殖河蚬成本低、产量高、易捕捞，可以当年放养当年收获，经

济效益显著。因此，现在越来越多的人开始着手河蚬养殖。当然，随着人们的养殖经验和不断的探索，对于养殖过程中出现的一些问题，寻找到了一些相应的解决方法，养殖模式也有了很大的变化。在河蚬养殖的过程中主要经历了以下几种养殖模式。

（一）河蚬传统增殖

1. 增养殖技术

湖泊增殖管养 5～6 个月后，个体平均体重达 4.5 克，这时可收获上市；使用耙网或稠网采捞，捕大留小，可在水域中自行繁殖，第二年的增养殖无须再投放蚬苗。

2. 养殖模式

选择养蚬的湖区水深约 2 米，湖底泥质或沙泥质，地势平坦，营养物质浓度较高，浮游生物丰富，一般浮游植物 50 万个/升以上，水色绿褐色，透明度 45～80 厘米。蚬苗放养以 3—4 月或 9—10 月为宜，放养规格为壳长 0.5～1.2 厘米，个体重 0.5～1 克。蚬苗从优质、密集的湖区捕获，要求品种纯净。投放时要求均匀散放，密度为每亩 15 千克左右。

3. 经营管理模式

放养后 4～5 个月即可长成商品蚬。投放过蚬苗的湖区，一般都能自然繁殖，形成优势种群，第二年可以不再投放蚬苗。如果当年起捕量过大，自然增殖不足，为确保下一年的产量，应当继续投放蚬苗。放养河蚬的湖区，在放养鱼种时，应考虑少放或不放青鱼和鲤等摄食软体动物的鱼类。

4. 经济生态社会效益分析

湖泊放养增养殖河蚬优点包括：①能有效减少种苗成本，投放过蚬苗的湖区，一般都能自然繁殖，形成优势生物种群，第二年可以不再投放蚬苗。②能利用天然饵料资源，无须外源性饵料投喂。但是在湖中进行养殖不能避免暗流导致的河蚬总体位置的移动，也不能避免湖中生长的野杂鱼如青鱼、鲤对河蚬的捕食。

（二）网围增殖模式

1. 增养殖技术

在所选择的增殖区中进行围网养殖，适宜围网面积为 3～5 公顷，网围高于常年最高水位 1 米以上。根据地形宜采用椭圆形或圆形，网目大小 4 厘米。用毛竹或木桩按桩距 3～4 米插入泥中，显出围址与围形。

为了生态环保、降低成本，选用小石块灌制成直径为 15 厘米左右的石笼与网的下纲连接；沿着竹桩将装配好的网片依序放入，固定时，将下纲用地锚插入泥中，下纲石笼踩入底泥。将消毒过的苗种尽快运至放养地点，使苗种贴近水面入水，动作轻缓，分散投放，放养密度为 1 500~2 250 千克/公顷。

2. 养殖模式

（1）螺-蚬混养　该模式是将螺类（如环棱螺属，*Bellamya*）与河蚬一起混养在网围增殖区，以提高经济效益的一种增殖模式。作为河蚬的混养对象，螺蛳体内含有丰富的粗蛋白、不饱和脂肪酸等，还含有较丰富的维生素 B 族和矿物质等营养物质，肉味鲜美，广为人们所喜爱，经济价值高。混养 1 年后，河蚬与螺蛳均有产出，且生态位有所错开，河蚬摄食浮游植物，螺类摄食附着藻类，但都生活在底部，空间生态位具有较大的重叠。在一定范围的水域内，当两者容纳量超过一定阈值后，在空间上存在竞争关系，因此河蚬产量较低。两者虽然能够共存，但生态效益和经济效益均不理想。

（2）鱼-蚬混养　鲢、鳙为中上层滤食性鱼类，主要以浮游生物为饵料，河蚬则为底栖滤食性贝类，主要滤食浮游植物，同时鲢、鳙粪便中的有机碎屑也是河蚬的摄食对象之一。从空间和饵料方面来讲，鲢、鳙与河蚬之间属于共生关系，因此鲢、鳙适合作为河蚬的混养对象。运用该模式增殖河蚬，已经取得了良好的经济效益，江苏省淡水水产研究所在洪泽湖用该增殖模式，每公顷的收益可达 34 597 元，是单独增殖河蚬（每公顷收益 6 659 元）的 5.2 倍。此外，有试验还证明，河蚬与鲢、鳙混养的网围增殖法能够降低水体中总氮、总磷浓度，可抑制水体富营养化，从而改善水质。因此，鱼蚬混养的网围增殖模式既能保护水体环境质量，又能提高产品质量和经济效益，值得推广。

3. 经营管理模式

在河蚬增殖区进行苗种放养前应首先考虑清除敌害生物，然后要限制河蚬的竞争生物的资源量，尤其是为了增加经济效益而与其他水产动物混养时，更要考虑竞争生物对河蚬生存与生长的影响。

4. 经济生态社会效益分析

在大水体里用网围取一块区域，利用自然水域来增殖放养对象，不仅可以防止河蚬天敌进入、网围内养殖的河蚬及与之混养的鱼类

（如鳙、草鱼、鲢）逃出，还能够避免因人工投饵而污染水体。同时，这一模式劳动力投入小，易于管理，产量高。能够充分利用水体的垂直空间，增加产量，又能避免因用划耙等网具捕捞而给底质环境造成不可逆的破坏。尽管目前放养苗种的大小和密度均已有了一定的范围，但是范围仍较大，不能有效利用河蚬苗种资源和空间环境资源，因此有必要在增殖区进行深入的试验研究。

（三）河蚬竹筏吊养技术

1. 增养殖技术

（1）放养时间　当河蚬的面盘幼虫生长成幼蚬时，幼蚬壳长 0.5～1.2 厘米，个体重量为 0.6～1 克/只，就可将其放入网箱进行竹筏吊养。投苗时间为 3—4 月或 9—10 月。

（2）放养密度　幼蚬按照每笼 250～300 只的密度放置于网箱中，通过实验，该密度大小是最适宜养殖密度，河蚬增重效果最大，进行操作时要熟练轻快，避免伤害幼蚬。

（3）起捕　网箱养殖与传统养殖的起捕方式不同，网箱养殖起捕更加便捷，只需将网箱提起，倒出箱内河蚬即可，无须再次划船捕捞，会更加方便、快捷，可降低劳动力成本和时间成本。

（4）适当分苗　当河蚬生长至规格区别明显之时，需要起捕分开养殖，规格大的放在一个网箱，规格小的放在另一个网箱，这样养殖密度会变小，河蚬则能得到更多的氧气和饵料，有利于其生长并大大提高成活率。

2. 养殖模式

（1）竹筏的摆放及连接　吊养竹筏由 13 支毛竹所组成，竹筏长 10 米，宽 5 米，前面 3 支、后面 3 支、中间 4 支竹竿依次两两首尾相接捆绑在一起并形成一个四边形竹筏，左右各一支竹竿进行加固并全部交叉捆绑在一起，其中心用一支竹竿将其分成两个矩形。固定杆之间均要安装一根钢丝绳，每两根钢丝绳之间设有若干个网箱，每隔一个网箱中间连接一个浮瓶，使固定桩围成的四边形竹筏浮动空间内随着水位的变化而垂直升降，这样能让养殖竹筏更加稳固、抵抗大风大浪。最后需要在竹制材料表面上均匀涂防腐液、多层桐油或沥青来延长使用时间。

（2）网箱构造与设置　竹筏吊养河蚬主要选用浮动网箱来对河蚬

进行吊养，网箱是采用新技术改造而来的吊养箱，改造后的浮笼网箱主要由箱体、框架、浮子和沉子装置等 5 部分所构成。网箱规格为 40 厘米 ×40 厘米×10 厘米，采用竹片作为框架，外用聚丙烯网缝合，每个网箱底部都铺有一层塑料薄膜以及一层 1.5～3 厘米深的湖泥。网箱摆放方向应垂直于区域内水体主流方向，使得浮游生物能够最大量地进入网箱内。网箱多个成排，箱与箱之间的间距保持 50 厘米左右，行间距为 60 厘米，每个竹筏悬挂网箱 4 排，每排 10 个，之间的空隙方便进行日常观察（彩图 54）。

3. 经营管理模式

河蚬放养后，应经常巡查湖区水质情况，制定管理措施，做到每周一查，每月一检，确保网箱的稳固与网衣的完整，对于破损的网箱应及时修复，防止造成更大的经济损失。定期清理网箱，防止其他生物的附着，影响网箱内外水流的交换。清理网箱的方式通常采用人工摘除、高压水枪冲刷等。在检查的同时可以将缺损或死去的河蚬挑出，这样能使被占的空间空出来。若缺损的河蚬较多，此时需要进行适当补充，这样才能达到更好的养殖效果。

4. 经济生态社会效益分析

在吊养的过程中，网箱在水体的中上部分，浮游生物大多分布于此，河蚬能拥有更充分的食物来源。在上层的河蚬产生的排泄废物会随着水流而被冲走，为河蚬提供了干净的生存环境。在捕捞的过程中，也可利用养殖的工具拉起来直接进行收获，使捕获得更彻底，不仅减轻了捕捞的难度，而且避免了因上一次捕获不完全导致的垂直平面的河蚬堆积。这样养殖不仅能够达到河蚬在洪泽湖自然条件下发育的大小和市场对河蚬大小以及肥美度的需求，而且河蚬的竹筏吊养与一般的自然散养相比，存活率以及生长率有显著提升。

第二节　网箱养殖典型案例及效益分析

一、鳟（青海、甘肃、新疆）生态网箱养殖

（一）青海民泽龙羊峡生态水殖有限公司鳟生态网箱养殖案例

1. 基本情况

青海省可供养殖开发利用的大水面主要是黄河上游龙羊峡至积石

峡段各型水库，水域面积约为 75.4 万亩。截至 2017 年初，青海沿黄冷水鱼健康生态养殖场已发展到 27 家，年产量达 2.92 万吨。

鳟生态网箱养殖-
青海民泽龙羊峡
生态水殖有限公司

龙羊峡水库位于黄河上游青海省共和县和贵南县交界的龙羊峡谷，面积 57.4 万亩，总库容 247 亿米^3，是一座具有多年调节性能的大型综合利用枢纽工程，具有发电、防洪、调蓄、气候调节、饮用水源、生物多样性保护、渔业养殖等重要功能，整体水质为Ⅱ类。

2. 龙羊峡水库产权和经营主体情况

（1）产权情况　龙羊峡水库大水面产权属青海省海南州。2008 年 7 月公司独家获得龙羊峡水库 50 年的渔业整体开发经营权，与当地政府签订了《青海省海南藏族自治州龙羊峡水库整体渔业资源开发经营合同书》，随后成立了青海民泽龙羊峡生态水殖有限公司（以下简称民泽龙羊峡公司）。

（2）经营主体情况　青海民泽龙羊峡生态水殖有限公司采用股份制。该公司是专业从事高档冷水鱼（鲑、鳟、鲟）孵化、绿色养殖、加工、销售的科技现代化农业企业，拥有进出口经营资质，是农业农村部水产健康养殖示范场、青海省农业龙头示范企业。公司也是青海省渔业技术推广中心重点技术支撑和服务单位，是中国冷水鱼战略联盟副理事长单位，是中国科学院海洋研究所、中国海洋大学、青海大学、青海畜牧兽医职业学院等高等研究机构的实习基地。公司获得中国农业银行 AA＋级信用认定，多年被评为消费者满意单位，并于 2011 年获得国家级健康养殖示范场荣誉称号。

公司经营范围包括水生植物种植，水生动物养殖，水产苗种生产，水生生物采捕和销售；渔需物资供销；旅游、垂钓及休闲渔业；渔业相关咨询、培训、管理服务；渔业产品代理；鱼产品加工；鱼卵、鱼产品、渔业设施进出口贸易。

3. 生产经营模式

（1）养殖基本情况　民泽龙羊峡公司目前建有 372 亩鲑鳟养殖网箱，以养殖三倍体虹鳟为主，占到总养殖数量的 95％以上。同时，实验性养殖帝王鲑、大西洋鲑、高白鲑、齐尔白鲑等品种。网箱主要包括两种类型：一是周长 100～160 米、深 15 米的 HDPE 圆形网箱；二

是 12 米×12 米的 HDPE 方形网箱。公司拥有繁育场 1 个，苗种场 1 个，养殖场 5 个，员工 320 人。养殖密度低于 6 千克/米³，养殖周期 26 个月，产品规格 3.5 千克/尾以上，审批养殖规模 2 万吨，2019 年商品渔产能达到 1.5 万吨，年产量达到 1.3 万吨，年产值达 5.5 亿元（彩图 55、彩图 56）。

（2）生态环保智能化养殖　民泽龙羊峡公司建立了亚洲规模领先、品质卓越的全球最高海拔鲑鳟鱼智能化养殖基地，投资建成现代化三文鱼科技园、智能化管理及数据中心。

公司按国际标准引进安装养殖设备。2014 年专门从挪威 AKVA 集团引进全自动、抗风浪网箱设备，该设备是当时世界上最先进的深水网箱智能化控制监测系统，同时也是亚洲首个自动化投喂系统。系统可定点定时投喂，还能实现鱼类生长全程信息化监控，可追溯系统覆盖水质、生长、病源，并根据不同的生长阶段设定投喂量，减少了人工投喂不确定性。

公司通过信息采集、统计分析、管理软件系统等，搜集养殖环境、水质、鱼类生长状况、产品加工销售情况等数据，建设三文鱼全产业链数据库，提供大数据服务，统一指导生产、销售，关注养殖环境，加强环保监控（彩图 57、彩图 58）。

（3）全自动生产加工　公司拥有年产整套鲑鳟全自动加工流水线，从挪威引进西塞尔现代冷水鱼屠宰生产线，从日本引进不二越码垛机器人，并配套拥有自主知识产权的冷水鱼内脏输送带、冰鲜冷水鱼生产包装线、冻鱼生产包装线等设施，形成现代化全自动加工流水线，进行标准化、智能化生产，大幅提升效率的同时，保证了产品质量（彩图 59）。

目前公司已实现从养殖端捕捞、温度控制、宰杀、分级、包装、码垛等数据实时支持、指导、优化的自动化生产线，数据全程可追溯，确保产品健康安全。

（4）市场开拓　本着"实、专、精、强"的战略要求，公司一直坚持技品领先不动摇，不断加大品牌建设和推广力度，在稳定和不断深化 B 端市场前提下，启动品牌战略；坚持"技品领先、成本领先、以市场为导向、以客户为中心"的指导思想，对标国际标准，提升产品品质和内部管理，通过打通市场端在公司内部形成良性倒逼机制，全面固化华东、华南、华北、西北、外贸、电商 6 大市场板块；同时，拓展 C 端销售渠道，通过建立销售网络、丰富产品线，构建覆盖全国、销售欧洲等地区的销售网络，积极开拓国内外市场。

一是把全国分为华东、华北、华南和西北 4 大市场区域，在 32 个城市与 32 个经销商建立产销关系，构建以一线城市批发市场、水产加工企业、连锁餐厅等渠道为主，向二三线城市批发市场及零售店沉降的全国直销网络，目前占国内三文鱼市场的 50% 份额。

二是积极开拓国际市场，公司通过连续 5 年参加全球最大的渔业博览会——比利时布鲁塞尔国际海鲜展等开拓国际市场，民泽龙羊峡公司是唯一获准出口的国产三文鱼企业，已成为出口俄罗斯的优质供应商，已储备日本、韩国、新加坡等客户。

三是自 2015 年开始，启动电商销售业务，目前已拥有较为完整的电商销售体系、人员架构和产品线。电商销售业务一是线上零售，包括天猫龙羊峡旗舰店、京东官方旗舰店、有赞微商城和淘宝 c 店等；二是企业团购，包括企业福利采购、商务送礼等企业福礼销售；三是渠道销售铺设，主要为垂直平台合作、经销商等经销批发渠道。同时借助菜鸟、顺丰等外部物流仓储平台合作，提升最后一公里配送服务体验，保证产品时效和新鲜度。公司不断开发新产品、丰富产品线，除了冰鲜三文鱼块等常规产品，也开发了烟熏三文鱼、三文鱼松、调味三文鱼等新式三文鱼产品。

4. 三产融合情况主要经验做法

民泽龙羊峡公司坚持品牌战略，为进一步加快构建"三区一带"农牧业生产格局，提升青海三文鱼发展水平，民泽龙羊峡公司立足自身发展优势，依托政府支持，建立现代冷水鱼（三文鱼）产业园，不断推进青海省三文鱼产业整合发展。

（1）一产 坚持可持续发展，维护环境保护和生态平衡这条企业生命线。

公司一直坚守生态可持续发展理念，在养殖容量控制、鱼种鱼苗控制、饲料控制、疾病防疫控制、水环境控制等各个方面，公司都坚持高标准、高效能。

①遵循容量标准控制。公司网箱养殖量低于养殖容量，中国水产科学研究院、西南大学、华中农业大学等机构联合评估龙羊峡水库养殖容量为 4 万吨。从水体保护和可持续发展考虑，环评批复的养殖容量

为 2 万吨，并写入《青海省国民经济和社会发展"十三五"规划纲要》和《鲑鳟网箱养殖产业健康发展的指导意见》（青海省农牧厅颁布）。公司严格控制养殖密度不高于 6 千克/米³，2019 年商品渔产能为 1 万吨，低于生态容量标准的 2 万吨。

②聘请挪威专业团队，对水下地形地貌、水流、风向、流速、溶氧等方面进行专业测绘后，确定网箱选址、科学布局，尽量降低网箱养殖对水环境生态的影响。

③鱼苗鱼种控制。网箱养殖的品种为三倍体虹鳟，是不育品系，不会就地繁殖，对库区原有土著物种和物种多样性影响较小。公司养殖的三倍体虹鳟鱼卵全部从美国、丹麦和挪威引进。每批次发眼卵在深圳出入境检疫检验局检验合格后进入公司孵化场孵化，由此在鱼种层面严格控制疫病的传播；鱼苗孵化阶段在循环水孵化系统内完成，共 3 套全循环水系统，养殖水体 1 000 米³，每天换水量控制在 10% 以下。在人工可控的环境内将鱼苗养成到 5 克左右后分箱到幼鱼场。

④使用高能环保饲料。每个网箱设有粪便收集器、死鱼收集器等环保设施。公司现阶段全程使用国外"爱乐""拜欧玛"等高能环保鲑鳟饲料，通过使用高脂肪低鱼粉的饲料减少氮磷排放。同时，公司与青海大学联合开展青海省重点研发与成果转化专项《高原鲑鳟营养调控技术集成示范》（2016-NK-135），通过项目的实施研究在青藏高原独特环境条件下三倍体虹鳟营养需求参数，在此基础上研发和筛选高效环保型饲料。此外，与中国海洋大学、大连海洋大学等科研院所相关专家联合开展精准投喂技术，极大程度上减少饲料浪费。

⑤疾病防疫控制。目前，公司按照《中华人民共和国农业行业标准：绿色食品渔药使用准则》（NY/T 755—2013）进行疾病防疫。同时，公司委托中国科学院海洋研究所开展"龙羊峡鲑鳟流行病学调查、病原监测及免疫接种技术研究"的项目，针对当地主要病原菌开发疫苗并建立疫苗接种技术平台，大量减少抗生素和消毒产品的使用。

⑥水环境控制。为践行绿色发展理念，公司在环保装备升级改造上共投入 8 000 余万元。2017 年对网箱进行了升级改造，加装了粪便和死鱼收集系统；对孵化场进行全循环水养殖系统改造。自主研发技术申报专利 9 项，其中已获批发明专利 1 项、实用新型专利 7 项，受理发明专利 1 项。采用增殖放流净化水质，通过投放增殖品种等形式代谢

水中的氮、磷，同时为周边渔牧民生活改善和增收做出贡献。对库区水质每月进行第三方检测，接受各级政府的监督检查以及所在地民众的监督。

通过以上措施保证水库水环境处于生态平衡状态，不会对库区水环境产生明显影响。

（2）二产　引进世界先进全自动加工生产线，依靠科学技术提升产品品质。

①全套进口智能化加工设备。2014年公司引进挪威三文鱼自动生产加工线进行前端预加工，2018年在充分吸收国外先进加工技术前提下，自主研发三文鱼智能分级包装系统，建立鲑鳟全自动加工流水线。

②确保投入品质量，加强生产加工全产业链产品质量监管，提升产品品质。三倍体虹鳟鱼卵100%从美国、北欧进口，投喂的饲料100%由丹麦企业生产，确保产品源头控制，安全管控，科学喂养，定期送检。捕捞宰杀加工连续作业，保证产品冰鲜品质，自动化加工厂严格执行HACCP计划，确保每一尾鱼的质量和食品安全。

③建立产品全程可追溯制度，确保产品健康安全。

④加强与高等院校和科研院所等科研单位的合作，以科研助力企业创新发展，建立院士工作站，与中国科学院海洋研究所在育种和疫苗等方面合作研发。与全球水产领域高端饲料领军企业拜欧玛签署战略合作协议，在饲料供应、水产养殖技术、全球专家交流等方面展开合作，合力推动中国鲑鳟鱼产业绿色创新可持续发展。

（3）三产　跨界联合，建设特色渔业＋体育营销＋工业旅游＋文化小镇自有模式。

将龙羊峡打造成全国闻名的体育特色小镇——龙羊峡三文鱼小镇，吸引国内和全球越野爱好者的广泛参与，吸引国内和全球媒体的广泛关注，带动当地旅游、餐饮等发展，推动当地服务产业升级，通过文化体育赛事的影响力，推动一、二、三产业融合。

民泽龙羊峡公司依托政府支持和青海省沿黄冷水养殖产业布局，于2018年1月16日推动青海省三文鱼产业联盟在西宁成立并正式启动。通过联盟建立起青海省三文鱼相关企业间优势互补、风险共担、利益共享、合作共赢的发展机制，这一举措优化了青海省内冷水鱼养殖经营环境，提升了行业内从业人员生产、生活水准。同时，带动地

区规模经济的产业发展，形成了产业链优势，增加了省内冷水鱼养殖加工产业链内新的就业岗位，带动居民收入增长。

此外，2017年开始，民泽龙羊峡公司在龙羊峡连续三年举办了中国峡湾挑战赛（彩图60）。三文鱼+越野赛，带动了当地农牧业、现代服务业、体育、旅游业多个产业齐头并进，一二三产业融合，促进就业的同时也提振了区域经济发展。赛事结合了龙羊峡地标品牌，整合了体育休闲和旅游资源，打造出创新型旅游品牌，吸引了发达地区社会资源与精英群体进入西部投资开发。同时，将赛事本身打造成了地区经济与文化传播载体，拓展了本地经济发展新空间，为寻求可持续的经济发展新增长点做出了尝试。

5. 效益分析

（1）经济效益逐步提升　养殖业前期投入大、时间长，至2016年为止，龙羊峡一直处于投入亏损期。2017年开始盈利，实现利润3 489.23万元。

（2）生态效益日益显著　公司成立以来通过增殖放流向龙羊峡库区投放高白鲑、花斑裸鲤等鱼种，净化水质平衡生态的同时，把原合同内水库经济鱼类捕捞权交予地方周边渔民，提高了居民的收入。

依托公司水产科技研发中心为核心，以生态养殖和环境保护为主要目的，配以生态观光旅游为载体，提升沿湖周边原住民对水域及野生动植物的保护意识，将对保护和恢复青海土著野生水产资源具有积极长远的意义。

开展珍稀鱼类、经济冷水鱼的保护与养殖工作，是拯救珍稀鱼类资源衰退的有效举措，对维护自然生态系统平衡和物种多样性将会产生积极的促进作用，还可以实现珍稀物种的经济价值。

创建渔业生态公益基金，用于良种血亲选育、基因库保存、鱼卵鱼苗孵化、定期增殖放流等"取之于斯、用之于斯"的保护环境社会公益活动。做到生产与环境和谐共生，充分承担起企业的社会责任。

（3）社会效益明显拓展

①带动就业，促进居民增收。以就业的方式实现渔民与公司的利益链接。龙羊峡库区居民原来依靠放牧或捕鱼为生，靠天吃饭，收入微薄。民泽龙羊峡公司入驻以来，给周边农牧民提供了稳定的平台，通过不断培训员工养殖技术，让他们有一技之长。目前全公司在职员

工 283 人，其中 95％ 以上是海南藏族自治州及周边地区村民。沿湖区域原住民当中有一半以上的劳动力参与到了龙羊峡的渔业生产和周边旅游服务业中来。随着冷水鱼深加工项目及其配套产业的发展，未来还能增加大量的就业岗位。

②资源共享。公司自成立之初就拥有龙羊峡水库 57 万亩水面 50 年的渔业经营权，为提高库区周边村民收入，公司将水库非网箱养殖经济鱼类捕捞权交予地方周边渔民。经过公司 10 年数据跟踪调查，该活动让库区周边 1 610 户渔民人均年收入从 8 000 元增长提高到 18 000 元。同时，龙羊峡镇旅游业也借力于三文鱼（虹鳟）养殖，以龙羊湖野生鱼宴为特色，发展农家乐产业。

③增殖放流，促进区域发展。2009 年以来，政府部门联合民泽龙羊峡公司持续向龙羊峡库区增殖放流本地品种累计共 16.2 亿粒（尾），保护了渔业资源，促进了生物多样性和生态平衡，有力带动了当地渔民的家庭收入。目前，这些增殖放流活动，每年可为龙羊峡沿岸渔民增收约 2 500 万元。

④扶贫助困，帮扶弱势群体。公司每年会为龙羊峡镇附近几个村庄"五保户家庭"春节送慰问金，提高他们的生活水平，同时为国家级极度贫困的"建档立卡户"优先提供就业机会，解决生活困难，为未来提供了保障。同时，公司还通过捐赠等方式，为困难群体送去了帮助。2017 年，公司为龙羊峡镇小学捐助 30 万元支持学校建设发展。2019 年，公司向青海贫困学校捐赠 200 余件衣物。

⑤因地制宜，打造特色地标名片。打造"三文鱼小镇"，围绕产业核心优势开展品牌提升和体育、旅游、康养互动营销，通过展示国际化、标准化、智能化、信息化、规模化的现代渔业发展，树立中国三文鱼高端品牌标杆，从而打造出一张响亮的地标"名片"，并实现一二三产业融合发展，将龙羊峡小镇打造成为中国独一无二的三文鱼小镇。

⑥兴村强镇，推动整体发展。发挥龙羊峡库区旅游资源及冷水鱼产业优势，依托三文鱼小镇，提升冷水鱼精深加工、冷水鱼养殖和休闲旅游为一体的村镇服务业。2017 年开始，公司每年在当地举办高规格越野赛事，吸引大量人流到龙羊峡镇，带动当地农牧业、现代服务业、体育、旅游业多个产业齐头并进，促进就业的同时也提振了地方经济。

⑦抱团取暖，推动产业发展。牵头成立青海三文鱼产业联盟，提出"八统一"原则，推动青海省三文鱼产业整体可持续发展。开通三文鱼工业旅游，打造龙羊峡三文鱼小镇，带动航空及冷链物流、机械设备制造、包装、建筑、旅游休闲、传媒、体育、信息服务、安全防护等相关产业发展。

⑧文化搭台，传播三文鱼文化。建设三文鱼博物馆，陈列、研究、收藏、展示全球三文鱼产业成长与发展的重要资料和作品，进一步科普、传播、渗透三文鱼文化，深挖三文鱼健康营养价值，借势提升青海三文鱼品牌内涵和价值。

（二）新疆天蕴有机农业有限公司鳟鱼生态网箱养殖案例

新疆天蕴有机农业有限公司成立于 2014 年 2 月，位于新疆伊犁尼勒克县喀拉苏乡，注册资本 2.621 8 亿元，公司获"绿色食品""有机食品""HACCP 体系"等认证；被认定为"鼓励类产业""自治区扶贫重点龙头企业""国家高新技术企业""农业产业化国家重点龙头企业""花园式单位""环保荣誉企业""水产健康养殖示范场"，在新冠肺炎疫情期间，是国家发改委认定的 861 家菜篮子保障企业之一。

天蕴秉持专业引领全国渔业绿色生态发展理念。目前已建成周长 160 米、深 15 米的 HDPE 圆形网箱 35 口，HDPE 方形网箱 46 口，总面积 7.7 万米^2，主要养殖三倍体虹鳟，网箱养殖密度 5 千克/米^3，养殖周期 28 个月，产品规格 3.5 千克/尾，投喂方式为全自动智能投喂，年可繁育三文鱼苗种 800 万尾，年产能 6 000 吨。大型网箱全部安装了鱼粪收集和死鱼收集装置，病死鱼收集后高温炼化处理，鱼粪收集后经无害化处理作为有机肥使用，并配套了水下清污机器人、拦污网、回捕网、防鸟网、分类垃圾箱、水质净化器、污水处理站、水质在线监测、吸鱼泵、电麻机、冷链运输、集污箱等环保设施装备。病害防控实行分区轮养、精细管理、投放量控制、水质状况实时监控、严格消毒，从种质资源引进到养殖捕捞全程执行检疫隔离程序，从未发生重大疫情和病害。公司成功利用科技创新，建立绿色生态环保网箱在内的生态养殖系统，辅以增殖放流，破解传统网箱养殖的环保难题，践行了绿色发展理念。在养殖方面拥有自动投喂系统 8 套、成鱼养殖网箱 35 口、循环水泵 70 台、变压器 8 台、投喂平台 4 个、饲料平台 4 个、生活综合平台 4 个、捕捞运输船 4 艘、机动工作船 6 艘、捕捞平台

2个，渔业机械化程度非常高。

公司与中国海洋大学、大连海洋大学、中国水产科学研究院等建立长期合作，推进产学研深度融合，已实现二十余项渔业装备专利技术，科技成果成功转化，已形成科技研发、苗种繁育、智慧养殖、加工、冷链物流、销售、餐饮服务于一体的完整产业链。公司创建的自有品牌——"天蕴""天山跃出三文鱼"，专卖店遍布新疆各地；"鲑来""鳟贵"三文鱼美食文化为主题的体验店相继开业。2019年产量3 000吨，捕捞销售2 500吨，销售额1.1亿元，带动609户农牧民共同致富，人均收入达到3 000元，直接提供就业岗位100个，带动就业人数300人，公司扶贫带动事迹入选国家网信办"镜头中的脱贫故事"典型案例。

（三）甘肃文祥生态渔业股份有限公司鳟鱼网箱养殖案例

甘肃文祥生态渔业股份有限公司成立于2011年，总投资1.5亿元。公司位于甘肃刘家峡水库祁家渡口。公司先后取得GB/T 19001—2008/ISO9001—2008质量体系认证审核、国家绿色食品A级认证、HACCP食品安全管理体系等多项认证，是甘肃省农业产业化重点龙头企业。

目前，公司已建成周长50～120米的HDPE网箱60口、钢制方形网箱534口，总面积8.6万米^2，主要从事三文鱼、鲟、虹鳟及金鳟养殖。网箱养殖密度2千克/米^3，三文鱼养殖周期36个月，产品规格3.5千克/尾以上，投喂方式为半自动投喂。死鱼由潜水员打捞收集后进行无害化填埋处理。同时，加强员工环保意识培训，将养殖用船舶改用内燃机组、燃气发动机及汽油雅马哈发动机，定期打捞养殖区域漂浮垃圾集中送垃圾处理场。疫病防控根据病害发生周期提前做好防控管理，并做好相应台账。公司有现代化循环水孵化场占地面积39亩、各类养殖船舶27艘、饲料仓库5处、宰杀车间1处、进口分鱼机1套、进口投饵机10套、进口洗网机6套、国产洗网机8套、实验室1处、辅助车辆5辆及其他辅助设施设备。

公司建设了苗种培育场，年孵化三倍体虹鳟发眼卵100多万粒，企业自培苗种解决了外购苗种存在的供应不及时、数量不足和质量风险等问题，培育苗种除满足企业养殖需求外，还向周边农户供应。

公司委托上海荷裕冷冻食品有限公司代为加工三文鱼产品，扩大

了产品的销售范围和影响。目前，公司正在建设三文鱼加工厂，争取创建甘肃特色水产品牌。

公司与中国科学院水生生物研究所、中国海洋大学、甘肃省水产研究所等院校建立了合作关系，先后承担十多个国家科技研究项目。年生产养殖能力 3 000 吨以上，产品主要销往兰州、深圳、上海、北京、西安等各大城市，形成了比较完善的育苗、养殖、生产、销售体系。

二、鲟（甘肃、千岛湖）生态养殖模式

（一）甘肃鲟网箱生态养殖模式分析

酒泉市海东鲟鱼开发有限责任公司成立于 2008 年，致力于西部地区鲟的繁育、养殖、保护与产业化开发利用，养殖品种主要有俄罗斯鲟、施氏鲟、西伯利亚鲟、达式鳇、大杂交和小杂交鲟。公司主要养殖大规格鲟，生产鲟鱼子酱，年处理产子鲟 2 万尾以上，生产鱼子酱 20 吨，冰鲜鲟肉 500 吨，产值达 1.85 亿元，上缴税金 2 000 万元以上。公司注重养殖生产投入品质量管理，产品多次抽检合格，获得农业部第七批水产健康养殖示范场称号。

目前，公司在酒泉市金塔县建设了鲟苗种培育基地，年产鲟苗种 30 万尾。同时，公司在刘家峡水库和九甸峡水库共计建设 10 米×10 米×10 米的网箱 375 口，面积 37 500 米^2。

公司在酒泉市金塔县解放水库、北河湾水库（属平原型水库）等进行鲟放牧式养殖，每年放养鲟 10 000 尾，培育到一定规格后捕捞放入水库网箱养殖，继续养殖到性成熟开发鱼子酱。放牧式养殖充分利用水库水生生物资源条件，节约了鲟苗种培育水面，提高了鲟大规格苗种培育成活率和产量，降低了生产成本，在国内具有较高的推广价值。

公司与中国水产科学研究院东海水产研究所合作，在西部内陆湖库亚冷水性鱼类规模化繁育和养殖技术研究与示范方面取得显著成效，技术成果获得 2010 年甘肃省科技进步奖二等奖。

（二）千岛湖鲟网箱生态养殖模式分析

杭州千岛湖鲟龙科技股份有限公司成立于 2003 年，是一家致力于鲟繁育、养殖及加工为一体的科技型、先导型、创新型的现代化企业

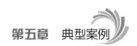

（彩图 61）。目前，公司人工养殖生产的鱼子酱产量位居全国前列，鱼子酱品质在国际同类产品中名列前茅。

公司在千岛湖建设 30 亩环保型鲟养殖网箱，环保型网箱从以下 6 个方面设计和建设：①设置投饵料台，防止食料直接沉入水中影响水质；②每组网箱都设置套网，在套箱中套养鳊、鲤、鳙等鱼类，利用这些鱼类消耗鲟养殖过程中产生的残饵，以减少残饵分解影响水体水质，保护水环境；③确定合理的养殖密度，并对其进行适当调整，以改善局部水质；④严格按照无公害水产品管理要求，减少渔药使用量，不使用违禁渔药；⑤研制合理的食料配方和工艺用于加工专门的鲟食料，增强食料的利用率和肉转化率，降低饵料在水中溶化散失的比例；⑥设网箱集污系统，将残饵和鱼类固体排泄物收集上岸，减少网箱养鱼对水体的污染。

废物粪便收集系统，是生态环保网箱的亮点与核心，由公司与中国水产科学研究院渔业机械仪器研究所合作开发引进澳大利亚等国家的先进环保集污网箱设施，网箱设施位于平台船上，主要通过空气扬液原理将残饵、鱼粪等沉淀物提升出水面（即网箱养殖尾水），然后对沉淀物进行收集，该装置能够收集网箱中 85% 以上的残饵和粪便，通过对其进行收集和固化处理，来实现控制网箱中鲟排泄物向水体的排放，保护水环境的可持续利用。网箱养殖尾水采用纯氧生化法无害化处理达到《污水综合排放标准》（GB 8978—1996）中的三级标准后委托当地环卫部门清运至淳安县城市污水处理厂处理，不排放。具体技术详见第四章第一节。

由于生态保护措施得力，公司在千岛湖保留了 30 亩鲟养殖网箱，为公司鱼子酱生产奠定了坚实的基础，也为国内同类型网箱养殖提供了指导和借鉴（彩图 62）。

2018 年，公司共生产鲟鱼子酱 79.79 吨，销售鱼子酱 78.47 吨，占据了全球 35% 的市场份额，鲟鱼子酱出口价格 700 美元/千克，公司鲟鱼子酱年产值达到 3.84 亿元。

参 考 文 献

蔡惠文，2007. 海岸带网箱养殖环境容量研究 ［D］. 中国海洋大学.

陈丁，郑爱榕，2005. 网箱养殖的氮、磷和有机物的污染及估算 ［J］. 福建农业学报，S1：
　　57-62.

陈克兰，2016. 永靖县发展休闲渔业对策探讨 ［J］. 畜牧兽医杂志，4（35）：84-87.

崔健，秦勇，2015. 刘家峡水库虹鳟鱼网箱养殖技术 ［J］. 甘肃畜牧兽医，45（8）：
　　73-74.

董海林，魏天柱，2016. 大黑汀水库鲟鱼网箱养殖模式 ［J］. 河北渔业，8：46-46.

董双林，2011. 中国综合水产养殖的发展历史、原理和分类 ［J］. 中国水产科学，18（5）：
　　1202-1209.

杜海燕，2018. 水库冷水鱼网箱养殖设计及关键技术 ［J］. 乡村科技，1：53.

冯具盛，崔健，边琳鹤，2014. 鲟鱼集约化网箱养殖技术 ［J］. 农业科技与信息，16：
　　31-32.

高晓田，王旭旭，王振富，等，2019. 寒冷地区水库网箱鲟鱼养殖技术 ［J］. 河北渔业，2：6.

郜晓瑜，2013. 水库网箱养殖鲟鱼无公害养殖技术 ［J］. 科学养鱼，6：34-35.

龚世园，2011. 淡水捕捞学 ［M］. 2版. 北京：中国农业出版社.

谷孝鸿，毛志刚，丁慧萍，等，2018. 湖泊渔业研究进展与展望 ［J］. 湖泊科学，30（1）：
　　1-14.

管卫兵，杨红，2005. 我国内陆水域增殖渔业发展存在的问题 ［J］. 海洋水产研究，26
　　（3）：80-85.

侯锦刚，蔡鹏飞，2013. 网箱养殖大规格虹鳟鱼试验 ［J］. 渔业致富指南，14：49-50.

胡国宏，熊占山，陈伟强，等，2014. 网箱养殖鲟鱼适宜模式研究 ［J］. 黑龙江水产，6：
　　25-27.

湖北省水生生物研究所第四室，武汉市国营东湖养殖场，1976. 武昌东湖渔业增产试验及
　　增产原理的分析 ［J］. 水生生物学集刊，6（1）：5-15.

黄锡昌，2001. 捕捞学 ［M］. 重庆：重庆出版社.

简生龙，关弘弢，李柯懋，等. 2019. 青海黄河龙羊峡—积石峡段水库鲑鳟鱼网箱养殖容
　　量估算 ［J］. 河北渔业，6：22-27，57.

李保民，2016. 大水面鲟鱼网箱养殖技术 ［J］. 河北渔业，4：32-32.

李思忠，1981. 中国淡水鱼类的分布区划 ［M］. 北京：科学出版社.

刘春平，2020. 西北地区水库网箱鲟鱼精养六法 ［J］. 水产养殖，41（2）：71-73.

刘慧，蔡碧莹，2018. 水产养殖容量研究进展及应用 ［J］. 渔业科学进展，39（3）：
　　158-166.

刘剑昭，李德尚，董双林，2000. 关于水产养殖容量的研究 ［J］. 海洋科学，9：33-35.

刘明玉，解玉浩，季达明. 2000. 中国脊椎动物大全 ［M］. 沈阳：辽宁大学出版社.

刘其根，陈马康，何光喜，等，2003. 保水渔业—大水面渔业发展的时代选择［J］. 中国水产，11：20-22.

刘其根，汪建敏，何光喜，等，2011. 千岛湖鱼类资源［M］. 上海：上海科学技术出版社.

刘其根，张真，2016. 富营养化湖泊中的鲢、鳙控藻问题：争议与共识［J］. 湖泊科学，28（3）：463-475.

刘燕山，张彤晴，唐晟凯，等，2018. 河蚬网围增殖技术的研究进展［J］. 水产养殖，39（12）：6-10，13

刘园园，2018. 水库鲟鱼网箱高产养殖技术总结［J］. 科学养鱼，2：42-43.

罗刚，庄平，赵峰，等，2016. 我国水生生物增殖放流物种选择发展现状、存在问题及对策［J］. 海洋渔业，38（5）：551-560.

罗国芝，2019. 基于总量控制的网箱养殖氮排放管理策略［J］. 环境污染与防治，41（8）：988-991.

罗雁婕，2020. 我国水库渔业发展现状及生态渔业发展思路［J］. 乡村科技，13：36-37.

罗治远，2014. 虹鳟鱼网箱养殖技术［J］. 北京农业，6：126.

覃龙华，王会肖，2006. 生态农业原理与典型模式［J］. 安徽农业科学，34（11）：2484-2486.

曲英晶，慕永通，2012. .FARM 模型及其理论基础、运行程序和应用示例［J］. 中国渔业经济，30（4）：53-59.

史为良，2011. 大水面增养殖学［M］. 辽宁：大连水产学院.

孙大江，2015. 中国鲟鱼养殖［M］. 北京：中国农业出版社.

孙要良，刘其根，2021. 绿水青山就是金山银山——以千岛湖保水渔业为例［M］. 北京：中共中央党校出版社.

王炳谦，2015. 中国鲑鳟鱼养殖［M］. 北京：中国农业出版社.

王洪宾，石常坤，2012. 生物学原理在农林渔业和畜牧业增产中的应用［J］. 生物学教学，37（2）：68-70.

王武，2000. 鱼类增养殖学［M］. 北京：中国农业出版社.

王燕妮，2017. 鲟鱼集约化网箱养殖技术研究［J］. 农技服务，34（4）：134-135.

王振吉，2009. 灯光网箱诱捕技术在龙羊峡水库中的应用［J］. 中国水产，5：62-63.

吴志强，林文雄，1990. 生态农业及其基本原理［J］. 福建农林科技，4：33-35.

徐奇友，2014. 鲟鱼营养与饲料研究进展［J］. 饲料工业，35（24）：1-6.

岳永河，张本立，朱明岳，等.2012. 西北高原水库小体积网箱养殖鲟鱼高产技术［J］. 科学养鱼，4：40-41.

岳永河，2011. 西北高原水库网箱养殖虹鳟当年养成技术［J］. 水产养殖，3：11-13.

岳永河，2012. 高原水库网箱养殖虹鳟安全度夏技术［J］. 水产养殖，8：22-23.

曾庆飞，胡忠军，谷孝鸿，等，2021. 大水面生态渔业技术模式［J］. 中国水产，2：81-84.

张继红，蔺凡，方建光，2016. 海水养殖容量评估方法及在养殖管理上的应用［J］. 中国工程科学，18（3）：85-89.

张建铭，钟颖良，温旭，等，2019. 西杂鲟网箱健康养殖关键技术［J］. 水产养殖，40（11）：42-43.

张幼敏，1992. 中国湖泊、水库水产增养殖技术的进展［J］. 水产学报，16（2）：179-187.

赵贤花，2019. 刘家峡水库环保网箱鱼粪收集效果［J］. 渔业致富指南，23：30-31.

赵长兰，2018. 新疆冷水鱼环保网箱养殖现状及其技术［J］. 中国水产，12：99-102.

中华人民共和国农业农村部，2020. 大水面增养殖容量计算方法：SC/T 1149—2020［S］. 北京：中国农业出版社.

彩图1　高邮湖围栏生态养鱼

彩图2　骆马湖漂浮式网箱鲢、鳙生态养殖

彩图3　阳澄湖围栏生态养蟹

彩图4 鲢

彩图5 鳙

彩图6 草 鱼

彩图7 青 鱼

彩图8 团头鲂

彩图9 鳊

彩图10 鲫

彩图11 鲤

彩图12 细鳞鲴

彩图13 黄尾鲴

彩图14 花鲭

彩图15 鳜

彩图16 翘嘴鲌

彩图17 蒙古鲌

彩图18 单层刺网捕捞作业

彩图19 地笼实拍

彩图20 池沼公鱼

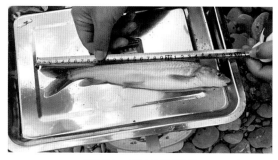

彩图21 极边扁咽齿鱼

彩图22 花斑裸鲤

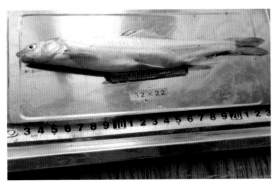

彩图23　黄河裸裂尻鱼

彩图24　齐口裂腹鱼

彩图25　高白鲑

彩图26　目笋白鲑

彩图27　齐尔白鲑

彩图28　凹目白鲑

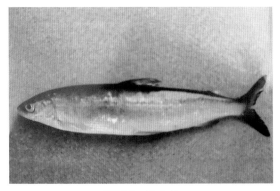

彩图29　欧白鲑

彩图30　捕捞白鲑亲鱼

彩图31　白鲑苗种规模化培育

彩图32　白鲑大水面增养殖

彩图33　白鲑商品鱼捕捞

彩图34　浮动式方形网箱

彩图35　HDPE标准化大型深水网箱

彩图36　刘家峡水库鲟养殖网箱（金属框架及泡沫塑料浮子）

彩图37 甘肃文县苗家坝水库鲟养殖简易网箱

彩图38 千岛湖鲢、鳙增殖放流

彩图39 千岛湖鲢、鳙暂养基地

彩图40　千岛湖鲢、鳙标记放流现场

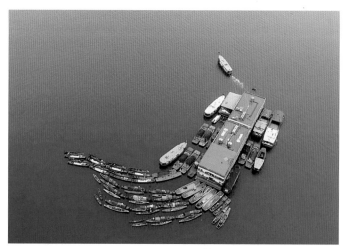

彩图41　千岛湖"拦赶刺张"联合捕捞船队

彩图42　千岛湖工作中的起鱼转运装置

彩图43　千岛湖巨网捕鱼

彩图44　千岛湖渔业文化博览馆

彩图45　千岛湖鳌山渔村实景

彩图46　查干湖冬捕

彩图47　查干湖冬捕节

彩图48　庐山西海放养鱼类捕捞

彩图49　三峡渔业放养鱼类捕捞

彩图50　新疆天蕴有机农业有限公司虹鳟生态养殖网箱

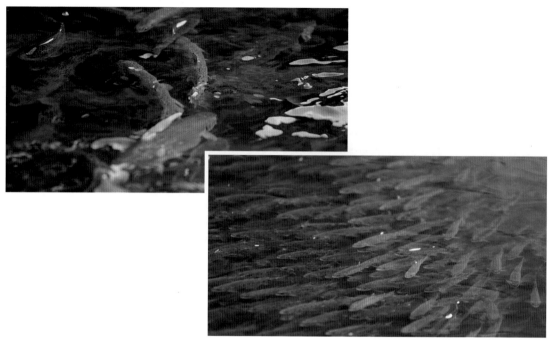

彩图51　生态养殖网箱中的虹鳟

彩图52　连环湖冬捕

彩图53　太湖净水渔业试验现场与效果监测

彩图54　洪泽湖河蚬竹筏吊养

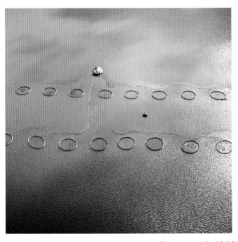

彩图55　龙羊峡虹鳟生态养殖网箱及其空间布局

彩图56　龙羊峡虹鳟起捕、预处理及保鲜

彩图57　龙羊峡虹鳟生态环保智能化养殖系统

彩图58　龙羊峡三文鱼科技园

彩图59　鲑鳟全自动加工生产流水线

彩图60　在龙羊峡举办的中国峡湾挑战赛

彩图61　千岛湖鲟养殖全景

彩图62　千岛湖鲟养殖网箱布局